重庆物联网产业技术技能人才发展战略研究

徐小辉　著

天津大学出版社
TIANJIN UNIVERSITY PRESS

图书在版编目（CIP）数据

重庆物联网产业技术技能人才发展战略研究 / 徐小辉著. -- 天津 : 天津大学出版社, 2024. 10. -- ISBN 978-7-5618-7844-6

Ⅰ. TP393.4; TP18

中国国家版本馆CIP数据核字第20242P79K4号

CHONGQING WULIANWANG CHANYE JISHU JINENG RENCAI FAZHAN ZHANLÜE YANJIU

出版发行	天津大学出版社
地　　址	天津市卫津路92号天津大学内（邮编：300072）
电　　话	发行部：022-27403647
网　　址	www.tjupress.com.cn
印　　刷	北京盛通数码印刷有限公司
经　　销	全国各地新华书店
开　　本	710mm×1010mm　1/16
印　　张	10.25
字　　数	213千
版　　次	2024年10月第1版
印　　次	2024年10月第1次
定　　价	45.00元

前　言

随着全球信息通信技术的快速发展，物联网（Internet of Things，IoT）作为连接物理世界与数字世界的桥梁，已成为推动世界经济增长的重要动力。从全球范围看，物联网市场规模，呈现爆发式的增长态势。据 IoT Analytics 统计，2023 年全球物联网市场规模达到 9 545.5 亿美元，相较于 2022 年实现了 19%的增长，反映出物联网行业的强劲增长势头和广阔市场空间。同时，物联网产业链逐渐完善和成熟，芯片、传感器、控制器、通信模块、通信网络、物联网平台、物联终端以及智能化平台等关键环节都在持续创新和优化。芯片技术和传感器技术作为物联网的基石不断进步，为物联网行业的发展提供了坚实的基础保障。另外，物联网连接数的高速增长也预示着其巨大的发展潜力，预计到 2025 年全球物联网连接数将比 2021 年增长 121%，年复合增长率为 22%。中国作为全球最大的发展中国家，物联网市场规模展现出迅猛的上升趋势。2023 年，中国物联网市场规模约 3.5 万亿元，标志着中国已成为全球物联网市场的重要驱动力之一。随着技术的不断进步和产业链的逐渐完善，政府出台了一系列支持物联网产业发展的政策措施，推动物联网技术的广泛应用，中国的物联网行业在全球范围内的影响力持续扩大。

重庆市作为中国西部地区的重要城市，具有得天独厚的地理位置和资源优势，拥有发展物联网产业的巨大潜力和空间。在政策扶持下，政府为物联网产业提供了良好的发展环境。随着基础设施建设的不断升级，传感器网络、通信网络等关键设施日益完善，为物联网技术的广泛应用提供了坚实基础。在产业链方面，重庆市物联网产业链日趋完整，涵盖设备制造、软件开发、集成服务等多个领域，为企业的快速发展提供有力支撑。应用场景的不断拓展推动了物联网技术在智慧城市、智能交通、智慧农业等领域的广泛应用。此外，重庆市物联网领域的创新能力不断提升，一批创新企业和研发团队在核心技术上取得了重要突破。企业集群的崛起加速了物联网产业的集聚发展，形成了良好的产业生态。在国际合作方面，重庆市积极深化与国外物联网企业和机构的合作，推动产业向更高水平迈进。同时，重庆市对人才培养的高度重视为物联网产业的可持续发展提供了源源不断的智力支持。整体来看，重庆市物联网发展态势强劲，展现出广阔的前景和巨大的潜力。

随着物联网技术的快速发展，物联网产业在重庆市产业布局中扮演着日益重要的角色。作为我国西部地区的经济中心，重庆市对物联网产业技术技能人才的需求尤为迫切。物联网产业技术技能人才的培养和发展对于重庆市甚至整个国家的经济转型升级具有重要的战略价值。然而，当前重庆市在物联网产业技术技能人才培养方面仍面临诸多挑战，如人才供给不足、培养机制不完善、校企合作不够紧密等，这成为物联网产业进一步发展的瓶颈。本书旨在深入调研分析重庆市物联网产业技术技能人才培养与发展的现状和问题，结合国内外的宏观趋势和政策引领，探讨物联网产业技术技能人才培养的有效路径和对策。研究重庆市物联网产业技术技能人才的供需状况，不仅可以深入了解当前物联网产业的人才结构、培养模式和市场需求，还能够为政府和企业提供有针对性的政策建议和发展对策。深入分析人才供需的矛盾点和发展趋势，可以为人才培养机构指明改革方向，为企业提供人才引进和培养的建议，从而推动重庆市物联网产业向更深层次、更广领域发展，提升产业的整体竞争力和可持续发展能力。

本书分为 4 个篇章。第 1 章宏观趋势与政策引领包括 3 个小节，分别介绍了全球、中国、重庆市物联网技术及产业发展态势，从物联网技术应用状况、产业政策红利、产业发展现状、物联网发展趋势等角度进行深入分析。第 2 章岗位设置与人才需求包括 3 个小节，第 1 小节概述面向行业企业岗位设置与人才配置的调研情况，结合调研数据统计分析；第 2 小节从企业规模与主营业务领域、典型岗位设置及分布情况、既有人才组成与管理体系现状等方面对行业企业典型岗位设置情况进行分析研究；第 3 小节从政行园企人才总体规划、行业企业人才需求情况、主要岗位关键能力要求、职业素质素养及能力要求等方面对域内企业岗位规划及人才需求进行微观分析。第 3 章院校设置与人才供给包括 4 个小节，第 1 小节从专业开办、区域分布等方面概述面向院校专业设置与人才培养的调研情况，依据调研数据统计分析；第 2、3、4 小节分别对本科院校、高职高专院校、中职/技工学校的专业建设与人才供给情况进行阐述，主要从办学规模趋势分析、人才培养方向及课程体系设置、专业对接产业人才培养着力点、师资团队配置、学科或技能竞赛参与、职业等级证书试点、毕业生去向情况、专业发展制约因素等方面进行深入分析研究。第 4 章匹配分析与对策建议包括 2 个小节，第 1 小节就行业、企业人才需求与院校专业人才培养进行匹配分析，主要从培养规模与数量需求、培养定位与差异发展、课程体系与岗位能力、培养基础与职业能力、专业布局与区域产业发展、能力评价与岗位考核、校企合作与产教融合、职业素质养成要求等方面进行分析，并得出匹配性分析结论；第 2 小节提出人才培养与发展的应对策略，分别从政策引导、统筹调控、区域发展、激励机制、数据跟踪、育人情境、教法改革、贯通培养等维度提出建议。

为使引述的相关数据清楚准确且能反映相关领域既有成就，本书在行业、企业数据采集及相关内容撰写过程中参考了大量国内外的研究报告，包括中国信息通信研究院、国家工业信息安全发展研究中心、中国网络空间研究院、中国信息通信研究院西部分院、重庆市物联网产业协会、四川省物联网产业发展联盟、中商产业研究院、前瞻产业研究院、AIoT 星图研究院、东滩产业研究院等编著的白皮书和研究报告，在院校相关数据采集中参考了重庆市本科高校、高职高专院校、中职/技工学校等的学校质量年度报告、毕业生就业质量年度报告等文献，在此向这些单位或机构以及参考文献的所有作者表示谢意。感谢所有关心本书出版的专家学者和行业人士！

本书得到了重庆市教育科学“十四五”规划 2021 年度重点课题（课题编号：2021-GX-044）、重庆市高等教育教学改革研究项目重大项目（项目编号：201031）的支持，同时也受益于《高等职业教育创新发展行动计划（2015—2018 年）》骨干专业（物联网应用技术）项目、国家职业教育“双高计划”高水平专业群建设项目（重庆工程职业技术学院机电一体化专业群、重庆电子工程职业学院物联网应用技术专业群）等建设项目。

本书由重庆工程职业技术学院徐小辉整理数据并撰写书稿，编写过程中得到了重庆电子科技职业大学易国键、柳智、牛欣玥、向凤云以及重庆工程职业技术学院朱永丽、游青山、熊于莪等老师的帮助。本书成稿过程中，还得到了相关领导、出版社老师的支持和帮助。在此，向所有为本书出版做出贡献的人们表示衷心感谢！

虽然作者做出了最大努力，但限于自身水平，本书体系结构可能并不完整，语言描述可能不尽合理，引用资料来源也可能不具有完全的代表性，错误和纰漏在所难免，恳请读者批评指正。

著　者

2023 年 11 月

目　　录

第 1 章　宏观趋势与政策引领……1
1.1　全球物联网技术及产业发展态势……1
1.1.1　物联网技术应用状况……1
1.1.2　物联网产业政策红利……2
1.1.3　物联网产业发展现状……4
1.1.4　全球物联网发展趋势……6
1.2　中国物联网技术及产业发展态势……8
1.2.1　物联网技术应用状况……8
1.2.2　物联网产业政策红利……9
1.2.3　物联网产业发展现状……18
1.2.4　中国物联网发展趋势……21
1.3　重庆市物联网技术及产业发展态势……22
1.3.1　物联网技术应用状况……22
1.3.2　物联网产业政策红利……26
1.3.3　物联网产业发展现状……28
1.3.4　重庆市物联网发展趋势……30
第 2 章　岗位设置与人才需求……32
2.1　基本情况……32
2.2　行业企业典型岗位设置情况……32
2.2.1　企业规模与主营业务领域……32
2.2.2　典型岗位设置及分布情况……35
2.2.3　既有人才组成与管理体系现状……37
2.3　域内企业岗位规划及人才需求……40
2.3.1　政行园企人才总体规划……40
2.3.2　行业企业人才需求情况……41
2.3.3　主要岗位关键能力要求……45
2.3.4　职业素质和通用素养要求……51
第 3 章　院校设置与人才供给……54
3.1　基本情况……54

3.2　本科院校专业建设与人才供给 ……58
3.2.1　办学规模趋势分析……58
3.2.2　人才培养方向及课程体系设置……60
3.2.3　专业对接产业人才培养着力点……61
3.2.4　师资团队主要科研和社会服务方向……62
3.2.5　本科院校组织参与学科竞赛赛事情况……63
3.2.6　就业与考研是本科毕业生的主要去向……64
3.2.7　相关专业发展的主要制约因素分析……65
3.3　高职高专院校专业建设与人才供给 ……67
3.3.1　办学规模趋势分析……67
3.3.2　专业对接产业人才培养及课程体系设置……68
3.3.3　师资团队主要科研和社会服务方向……70
3.3.4　高职高专院校组织参与技能竞赛情况……70
3.3.5　高职高专院校 1+X 证书制度试点推进情况 ……72
3.3.6　就业与升本情况……73
3.3.7　相关专业发展的主要制约因素分析……74
3.4　中职/技工学校专业建设与人才供给 ……76
3.4.1　办学规模趋势分析……76
3.4.2　专业对接产业人才培养及课程体系设置……77
3.4.3　物联网团队主要科研及社会服务方向……79
3.4.4　中职/技工学校组织参与技能竞赛情况 ……80
3.4.5　中职/技工学校 1+X 证书制度试点推进情况 ……81
3.4.6　物联网专业毕业生较大比例选择继续升学……82
3.4.7　相关专业发展的主要制约因素分析……82
第 4 章　匹配分析与对策建议……84
4.1　供需匹配及问题分析 ……84
4.1.1　专业培养规模与行业人才数量需求存在巨大缺口……84
4.1.2　专业培养定位与行业人才需求差异存在一定错位……86
4.1.3　课程体系设置与职业岗位能力需求匹配存在偏差……87
4.1.4　专业培养基础与企业职业能力培养需求存在矛盾……90
4.1.5　院校专业布局与区域产业发展规划匹配不够充分……91
4.1.6　专业能力评价与职业岗位技能考核衔接不够紧密……92
4.1.7　校企合作开展人才培养各方积极性有待切实提升……93
4.1.8　专业人才培养过程中职业素质养成有待全面加强……94

4.2 人才培养与发展应对策略 ……………………………………………………96
4.2.1 政府及主管部门加强政策引导,助力院校科学开展专业设置工作 ……96
4.2.2 发挥宏观统筹及调控指导作用,鼓励企业积极参与职业教育 …………97
4.2.3 建立区域专业建设发展共同体,优化院校专业结构层次布局 …………98
4.2.4 制定激励机制,鼓励产教协同育人,推动企业发挥人才培养主体作用…98
4.2.5 面向职业岗位开展实时数据跟踪,优化人才培养课程教学体系 ………99
4.2.6 对标职业工作过程创设育人情境,推进专业群模块化教学改革 …… 100
4.2.7 基于“课堂革命”实施教法改革,促进结构化教师团队建设与发展 … 101
4.2.8 顺应职业教育“类型教育”特征,建立健全贯通式人才培养体系 …… 102
附 录……………………………………………………………………………… 104
A 企业物联网人才状况调查问卷 ……………………………………………… 104
B 本科院校物联网人才状况调查问卷 ………………………………………… 117
C 高职高专院校物联网人才状况调查问卷 …………………………………… 125
D 中职/技工学校物联网人才状况调查问卷…………………………………… 133
E 培训机构物联网人才状况调查问卷 ………………………………………… 142
参考文献…………………………………………………………………………… 146

第 1 章　宏观趋势与政策引领

1.1　全球物联网技术及产业发展态势

1.1.1　物联网技术应用状况

近年来，全球兴起新一轮科技革命和产业变革，信息通信技术正以前所未有的速度转变为实际生产力，对全球经济、利益和安全格局产生深刻影响[1]。在这个潮流中，物联网作为信息通信技术的典型代表逐渐成为当下最为关键的技术之一，其在全球范围内呈现出非常迅猛的发展趋势。根据 Gartner 公司公布的《2019 年物联网技术成熟度曲线》（见图 1-1），可以推断出近年来物联网发展的关键技术包括数字业务技术平台、边缘人工智能、事件流处理、物联网边缘架构、物联网集成以及信息技术/运营技术（IT/OT）融合等多个领域[2]。这些技术的崛起推动了物联网技术的迅猛发展，还为产业数字化转型和创新应用提供了强大支持。

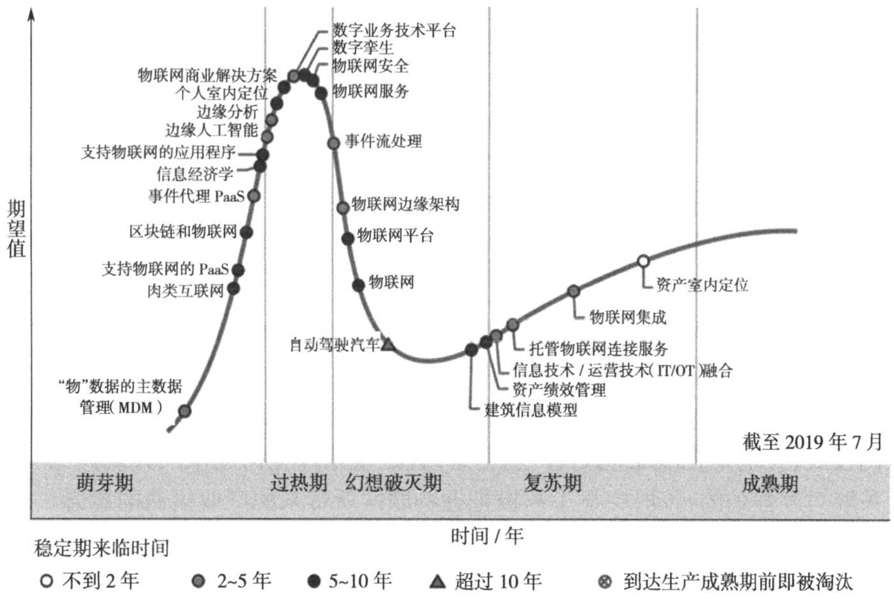

图 1-1　2019 年物联网技术成熟度曲线

随着新技术的不断涌现,无源物联网概念逐渐升温,使得物联网正进入一个崭新的发展阶段。据 Mordor Intelligence 的数据预测,到 2026 年,物联网技术的市场价值将达到 1.39 万亿美元[3],这预示着该行业将迎来一轮引人注目的增长。这一惊人的增长趋势可能受到多方面因素的共同推动[4]。首先,新冠肺炎大流行加速了远程监控、智能家居设备和数据分析解决方案的发展,推动了物联网技术的广泛应用。其次,为了应对激烈的市场竞争,企业正竞相开发先进的人工智能解决方案,这需要在物联网范围内运用高级传感器和边缘计算机网络。最后,相较于集中式解决方案,物联网网络更为有效,能够更高效地完成特定任务,进一步推动物联网技术的广泛应用。这一系列发展趋势不仅印证了物联网的技术和市场潜力,也凸显了其在推动全球科技创新和可持续发展方面的关键作用。在这个充满活力的发展时刻,物联网正成为引领未来科技发展和推动社会进步的重要力量。

物联网产业的未来是迈向更为智能化的万物智联时代。这一发展的关键动力包括物联网平台和软件工具深层次的应用以及各种应用场景方案的广泛推广。根据 Gartner 的研究报告,物联网的未来将受到垂直市场细分的驱动,强调对各个细分领域应用的重视[5]。从服务对象的角度看,物联网应用可分为两大主线:一是面向个人用户的消费型物联网,包括智能穿戴、智慧医疗、智能家居等领域;二是面向企业和政府的产业物联网,包括智慧工厂、智慧农业、智慧交通、智慧城市、智慧能源等领域。在物联网平台布局方面,根据 Gartner 2020 年发布的全球物联网平台竞争格局报告,亚马逊 AWS、微软 Azure、阿里云等企业成为最具竞争力的前 10 家企业[5]。亚马逊 AWS 在工业物联网领域发挥着重要作用,微软 Azure 注重制造业、能源和建筑等领域,而阿里云专注于解决城市、交通、工业和医疗等领域的复杂跨域应用。特别值得注意的是,阿里云在物联网市场表现强劲,提供了百亿级物联网设备的连接能力,并提供上万个行业解决方案,已覆盖智慧城市、工业、医疗、航空等多个领域。这种全面性的平台布局为物联网的全面发展奠定了坚实的基础。

1.1.2 物联网产业政策红利

随着人工智能、大数据等新一轮科技和产业革命在全球范围内加快演进,物联网作为企业和产业数字化转型的关键技术之一,引起各国政府的高度关注,都相继发布涉及物联网的相关产业政策。发达国家和地区,如美国、欧洲一些国家,正积极推进物联网发展,特别是在战略规划、产业生态组织、政策环境构建以及大规模应用示范方面采取力度强劲的行动,突显了积极把握物联网所带来的产业机遇的意愿。

为了继续在物联网领域保持领先地位,美国参议院商业委员会于 2016 年批准成立工作委员会,旨在为美国政府推动物联网创新提供顶层框架设计和创新建议,同时负责物联网发展的频谱规划。美国国会众议院能源和商务委员会成立了两党工作组，专注审查物联网政策，并提交总结性建议。在此背景下，2016 年初，美国商务部部长、总统行政办公室、国家科学与技术委员会以及先进制造国家项目办公室向国会联合提交首份《国家制造创新网络计划年度报告》，旨在通过先进的网络技术基础重新确立美国在制造业的领先优势[6]。2018 年 5 月，美国国会众议院能源和商业委员会下的数字商业和消费者保护小组委员会举行关于“SMART 物联网法案”（又称“IoT 的现代应用、研究和趋势法案”）草案的听证会，旨在推动政府对物联网设备及其使用现状进行调查[7]。2021 年 7 月，美国参议院通过《美国创新与竞争法案》，将物联网、5G 等多个领域纳入资助范围。同年 8 月，美国工业互联网联盟（Industrial Internet Consortium，IIC）正式更名为工业物联网联盟（Industrial IoT Consortium，IIC），在保留原有组织架构和会员的基础上，更关注相关技术在制造、能源、医疗等垂直领域的应用和普及。

欧盟采取“由外及内”的方式制定了新的开环物联网战略，通过构建和提升外部生态环境，间接影响整个行业[6]。该战略旨在实现“欧盟数字化单一市场战略（DSM）”提出的目标，包括建立一个统一的物联网市场、一个充满活力的物联网生态系统以及一个以“人”为中心的物联网方法。欧盟通过“地平线 2020”科研规划在物联网领域投资近 2 亿欧元，致力于构建连接智能对象的物联网平台，并通过物联网水平行动，推动物联网集成和平台研究创新。值得注意的是，欧盟在自动网联汽车、智慧城市、智能可穿戴设备、智能农业和食品安全、智能养老五个重点领域进行了大规模示范应用，旨在构建大规模开环物联网生态体系。英国于 2021 年 4 月发布《物联网设备网络安全提案》，概述英国政府对调控物联网设备网络安全的意向和政策主张，该提案倡导通过完善法规来促进消费者对物联网设备的安全使用[8]。2021 年 3 月，在《欧盟数字十年网络安全战略》文件中，欧盟委员会要求实施并加速完成欧盟 5G 工具箱，确保 5G 网络的安全性和未来网络的发展。

日本、韩国、俄罗斯等国家正在持续推动物联网的发展[6]。在日本总务省和经济产业省的指导下，由 2 000 多家国内外企业组成的“物联网推进联盟”于 2016 年 10 月与美国工业物联网联盟（IIC）、德国工业 4.0 平台签署合作备忘录，旨在共同推进物联网标准合作[7]。日本重点资助 5G、人工智能、物联网等技术的基础研究和应用，2019 年 12 月 5 日宣布设立 2 200 亿日元的基金，用于支援 5G 技术开发。韩国选择人工智能、智慧城市、虚拟现实等九大国家创新项目作为挖掘新的经济增长动力和提升国民生活质量的新引擎。未来十年内，韩国未来创造科学部计划投入超过 2 万亿韩元推动这九大项目，韩国运营商积极推进物联网专用网络的建设。俄罗斯互联网创新发展基金制定了物联网技术发展“路线图”草案，俄罗斯工业贸易部、俄罗斯通信与大众传媒部、互联网创新发展基金、俄罗斯各联邦主体以及其他相关政府机构将在此基础上进一步确定试验项目、试点行业和地区。

1.1.3 物联网产业发展现状

当前，物联网产业正经历从爆发前期向爆发期的过渡。据统计机构 Statista 的统计及预测[9]，2023 年全球物联网市场规模达到 1.177 2 万亿美元，预计 2024 年将达到 1.387 3 万亿美元，在 2023—2028 年，全球物联网市场规模的复合年均增长率（CAGR）预计将达到 13.60%，如图 1-2 所示。根据互联网数据中心（Internet Data Center, IDC）发布的 2023 年 V1 版《全球物联网支出指南》统计[10]，2023 年全球物联网支出达 8 057 亿美元，比 2022 年增长了 10.6%；2027 年全球物联网支出预计接近 1.2 万亿美元，在 2023—2027 年的预测期内，复合年均增长率为 10.4%。在物联网支出规模方面，中国预计在 2027 年趋近 3 000 亿美元，全球占比约为 26.1%。美国的全球占比约为 24.2%，西欧约为 24.7%，其他国家约为 25%。这一数据显示出物联网产业的迅速发展趋势，预示着全球物联网市场将进入一个更加成熟和蓬勃发展的阶段。

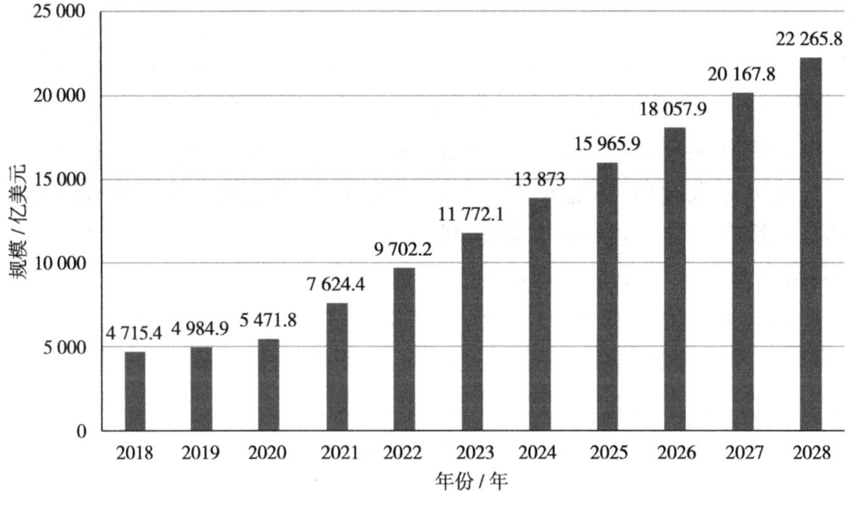

图 1-2 2018—2028 年全球物联网市场规模统计及预测

（数据来源：Statista Market Insights）

目前，全球物联网产值约为 15 万亿美元左右，年平均增长率接近 23%。预计到 2025 年，全球物联网产值将达到 30 万亿美元。中国作为物联网应用实践和创新开发最为活跃的国家之一，其产值约占全球物联网总产值的 1/4。2021 年，中国的物联网产值超过 2.7 万亿人民币，5G 用户数（通过手机连接 5G 网络）接近 2 亿，占全球比重高达 85%。除中国、韩国、美国以外的其他国家，物联网用户规模最大的国家也仅有约 1 000 万户。根据美国咨询公司麦肯锡的预测，到 2025 年，天基物联网领域的产值有望达到 5 600 亿~8 500 亿美元。根据美国卫星行业市场研究和咨询公司

NSR 数据，2023 年全球有 1 亿至 2 亿台物联网设备有接入卫星的需求。在未来 10 年，亚洲将成为天基物联网收入复合增长率唯一超过 10%的地区[11]。这些数据突显了全球物联网产业的迅猛增长趋势，以及中国在物联网领域的引领地位。

全球物联网设备连接数呈现持续增长趋势，预计物联网设备所产生的数据量将达到 73.1 ZB。全球移动通信系统协会（GSMA）的数据显示，2019—2023 年，全球物联网设备连接数的复合增长率为 12.70%。据统计机构 Statista 的统计及预测[9]，2023 年全球物联网设备连接数已达到 151 亿台，如图 1-3 所示。预计 2024 年将达到 188.7 亿台，2023—2028 年，全球物联网设备连接数的复合年均增长率预计可达 21.3%。物联网收入预计将增长至 1.1 万亿美元（约合人民币 7.7 万亿元），年复合增长率将达到 21.4%。随着物联网在各行业的迅速渗透，行业信息化和联网水平不断提升，产业物联网连接数占比将迎来提速，预计在 2024 年，产业物联网设备的联网数将超过消费物联网设备数。这一趋势显示了物联网行业的蓬勃发展态势，突显了其在不同领域中的广泛应用。

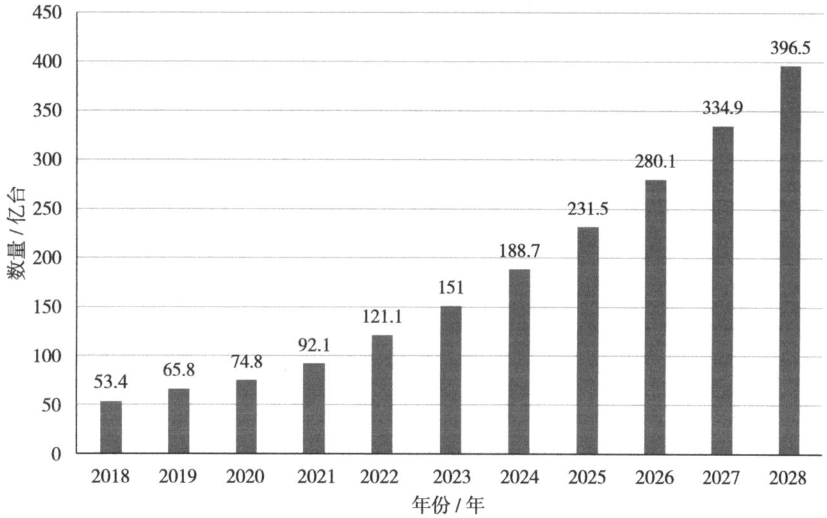

图 1-3　2018—2028 年全球物联网设备连接数统计及预测

（数据来源：Statista Market Insights）

从行业角度来看，IDC 通过对超过 20 个行业和部门的持续跟踪研究预测，制造业和消费者市场的物联网支出将继续保持增长，预计到 2025 年，这些行业和部门的支出将占据市场支出的一半以上。工业互联网、车联网、智慧城市、智慧家居以及智能可穿戴等物联网典型场景方面，预计将持续保持快速增长[10]。在技术行业方面，得益于 5G 和窄带物联网（NB-IoT）基础设施的建设，车联网、智能表计、智慧家居以及可穿戴终端的快速增长将推动模组/传感器的快速增长。在人工智能物联网（AIoT）融合的趋势下，物联网大数据分析日益增多，进而推动对服务器和存储等基础设施的需求迅速增长。这一发展趋势凸显了不同行业对物联网技术的广泛应用，并反映了相关技术基础设施的迅速发展。

从全球数据来看，全球开发的物联网产业应用平台和大众生活服务系统已达60多万个，分布在工农业生产制造、疫情防控、健康医疗、交通车联、电力能源、环境保护、航天航空、军事科技、大众生活等领域。近百个国家和地区的企业在物联网探索应用方面设立了专业的机构、研究院和社会组织，数量达到20多万家。中国在物联网基础建设和应用探索实验等方面走在世界前列。中国已建成全球规模最大、技术最先进的5G网络，截至2023年12月，5G基站数量达到337.7万个，5G网络已覆盖全部地级市。在智慧教育、智慧物流、智慧电力、智慧医疗、智慧港口、智能汽油、智慧城市、智慧农业等应用场景中，近五成的5G应用已实现商业落地。美国在物联网高端前沿技术研发和高端芯片科技方面实力雄厚，提出2 000亿美元的刺激计划。德国、法国、英国、荷兰、日本、伊朗在工业物联网生产制造等方面正进行智能化升级[12]。

巨头企业围绕产业链展开兼并整合成为当前物联网产业发展的显著特征，为全球物联网产业生态竞争拉开序幕。这些典型案例包括Google收购Nest、GE推出Predix平台、软银以320亿美元收购ARM、高通以470亿美元收购恩智浦。5G作为物联网的关键技术，已成为各国发展经济的主要战略之一，各国相继发布5G发展计划。2015年，欧盟公布5G合作目标；2018年，俄罗斯提出建立5G网络的投资计划；2018年，韩国三大运营商SK、TK与LG U+同步在部分地区推出5G服务；2018年，日本发布电信战略方案，有意发展后5G技术。国际厂商纷纷投入5G技术研发，并陆续推出商业化的5G解决方案。手机芯片领域，高通与华为海思的5G芯片已正式亮相，三星与联发科也推出了5G芯片。基站领域，华为与Nokia、Ericsson、三星等厂商的5G基站占据主要市场份额。这些举措表明世界各国和地区对5G技术的广泛关注。

尽管中国已经成为全球5G领导者之一，根据Dell'Oro集团的数据，以销售额计算，华为在2021年占据了全球通信设备市场28.7%的份额，同比增长7%，连续两年居于首位。然而，在美国的制裁压力下，华为的移动业务受到一定影响，2021年华为智能手机全国出货量下降了81.6%，仅3 500万部，市场份额从15%降至3%。凸显了全球5G竞争背景下各主要参与方的动态变化。

1.1.4 全球物联网发展趋势

物联网被视为世界信息产业的第三次浪潮，代表着下一代信息技术的发展趋势。

物联网是在现代信息技术发展到一定阶段后出现的一种聚合性应用与技术提升。其发展以应用领域为导向紧随技术潮流，及时适应客户需求的快速变化成为物联网行业发展的重要趋势。根据中国移动通信研究院《下一代物联网发展构想白皮书》等报告[13]的预测，下一步物联网产业发展的关键方向包括以下几方面。

1. 数字孪生技术助推物联网向数字化和智能化方向发展

在物联网快速发展的背景下，数字孪生技术作为全球产业数字化和智能化转型的关键，促进物联网不断优化与演进。数字孪生技术的应用将充分展示物联网系统的拓扑结构、能源分配以及设备实时状态。物理世界的设备与数字世界中的孪生体时刻对应，贯穿整个产品生命周期，形成一套完整的物联网系统全生命周期的模拟和数字化交互[13]。这实现了业务运行状态的实时监控与优化，漏洞的提前预测及防护，同时提高了人们对于模拟世界的认知。数字孪生技术通过数字世界的手段实现了对物理世界的改造。

2. 人工智能（AI）、大数据、5G 等技术融合促成物联网应用场景更为丰富和个性化

随着物联网市场规模的快速增长，5G 技术的发展使得万物互联成为现实。在这种趋势下，智慧教育、智慧医疗、智慧家居、智慧工厂、智慧农业、智慧交通等应用场景正朝着智能化、个性化和自动化的方向快速发展。沉浸式互助教学、纳米药物输送、植保无人机、无人驾驶、数字工厂等应用正在逐步成熟。未来城市将以社会需求为导向，以现代信息技术为基础，应用数字孪生技术打造数字化孪生城市。这些举措将有利于提升城市的核心能力，全面感知城市的脉动，实现数字孪生城市与实体城市的精准映射、实时互动及智能化治理。

3. 人工智能创新成为物联网数据分析处理的关键因素

物联网设备每天产生大量的数据。据 IDC 预测，到 2025 年全球将拥有 420 亿部物联网连接设备[14]。随着这些设备数量的不断增长，数据规模也会相应扩大。在此过程中，运行基础架构和建立性能指标的要求越来越依赖于人工智能技术。人工智能技术将在物联网数据分析、数据发现、流数据可视化、预测分析等方面发挥关键作用。物联网云服务的主要参与者，如微软、谷歌、亚马逊等，将继续寻找新的服务机会，但他们将面临与希望在机器学习和深度学习领域利用其创新的初创公司竞争的压力。未来 5 年在基础设施方面的最大支出之一将用于人工智能和机器学习[15]，传统的分析方法将逐渐被淘汰，取而代之的是越来越多地使用人工智能技术。

4. 边缘计算和区块链技术在降低物联网安全隐患方面发挥重要作用

物联网技术的不断发展，相应地也会带来多种新的安全威胁。黑客可以通过远程手段控制车辆，将飞机、火车等交通工具列为可能的攻击目标之一。边缘计算技术不仅可以降低物联网技术的延迟，还有助于提升数据处理的安全性。通过在边缘设

备上进行数据处理，而不是传输到中央服务器，可以减少黑客拦截的机会。区块链技术的发展也成为应对物联网安全挑战的关键因素之一。通过采用区块链技术，物联网网络可以实现分散化，消除单点故障，为联网设备提供额外的保护，使其不易受到恶意软件的威胁和其他攻击。

5. 物联网标准体系将以行业标准带动关键技术标准

物联网标准的制定一直是一项国际性的难题。欧、美、日、韩等国都将物联网视为重要的战略性新兴产业，各国对物联网标准领导者的竞争激烈。由于物联网概念涵盖众多技术、行业和领域，要制定一套普适性的统一标准极为困难。因此，标准的开放性和所应对市场的大小成为关键。建立物联网标准体系是一个逐渐发展成熟的过程，从成熟的应用方案中提炼出行业标准，通过行业标准推动关键技术标准的演进。随着物联网技术的广泛应用和市场的逐渐成熟，那些占据市场份额较大的应用所形成的相关标准更有可能成为被广泛接受的实际标准。在 2021 年世界物联网大会上，德国标准化学会物联网项目主席 Detlef Tenhagen、世界物联网大会欧洲机构主席、法国欧洲华语广播电台主席 Huong TAN 等专家强调，未来除了物联网技术标准之外，还需要建立物联网国际公约，以真正实现全球万物互联。

1.2 中国物联网技术及产业发展态势

1.2.1 物联网技术应用状况

物联网正朝着数字化和智能化方向迅速发展，技术的演变是其快速发展的关键。物联网正与人工智能、大数据、智能传感等技术深度融合，构建非决定性和开放的网络。在这个网络中，自组织或智能的实体和虚拟物品能够与环境交互，并基于各自的目的自主运行。物联网技术的创新和探索不断演进，最终推动物联网业务的实现。各行业对物联网应用的投入不断增加，根据多家咨询公司的预测数据统计，智慧工业、智慧交通、智慧医疗、智慧能源等领域被认为最有可能成为物联网产业发展最快的领域。

2022 年 5 月，AIoT 星图研究院、物联传媒等联合发布《2022 中国物联网产业指数报告》[16]。该报告制定了物联网技术成熟度曲线和应用成熟度指数。物联网技术成熟度曲线描述了各种感知和连接技术所处的发展时期，如图 1-4 所示。根据该曲线，ZigBee（紫蜂协议）、NFC（近场通信）、NB-IoT、边缘计算、智能传感器等多项技术目前正经历增长爆发期。应用成熟度指数通过构建科学合理的指标体系，横向对物联网的 13 个应用领域进行比较研究，如图 1-5 所示。物联网应用成熟度排名前 5 的领域分别是智能制造、智慧城市、智能家居、智慧能源和智慧交通。

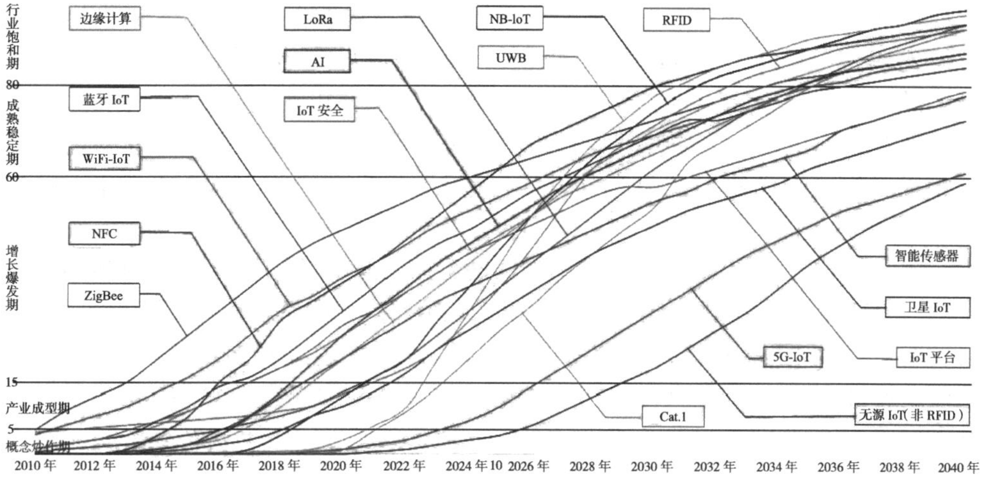

图 1-4　2022 年中国物联网技术成熟度曲线

（数据来源:《2022 中国物联网产业指数报告》[16]）

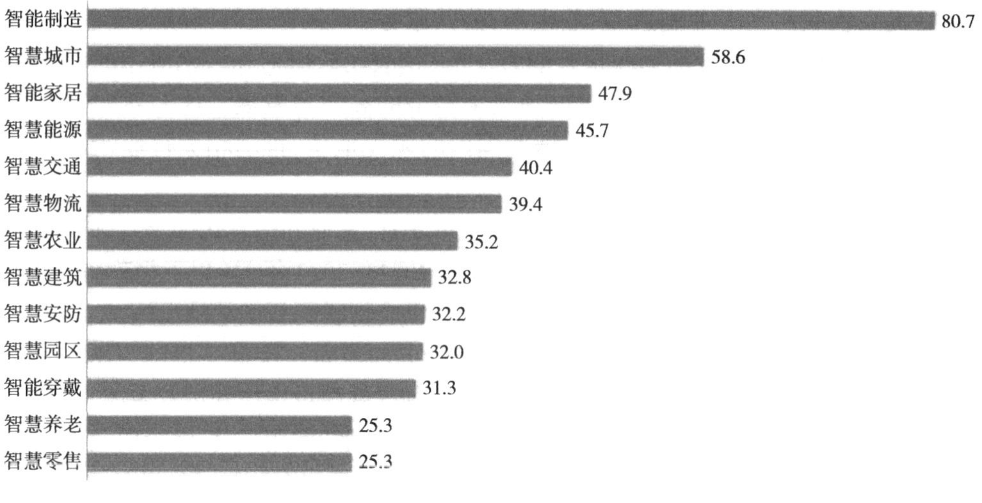

图 1-5　2022 年中国物联网应用成熟度指数

（数据来源:《2022 中国物联网产业指数报告》[16]）

1.2.2　物联网产业政策红利

物联网行业被纳入国家政策支持和鼓励发展的关键领域。早在 2006 年 2 月，国务院发布《国家中长期科学和技术发展规划纲要（2006—2020 年）》，明确将传感器网络、智能信息处理、智能感知技术、自组织网络技术等列为重要的研究和发展方向。2010 年 3 月,《2010 年国务院政府工作报告》进一步强调“加快物联网的研发应用”。2011 年 11 月,工业和信息化部发布《物联网“十二五”发展规划》,明确在“十二五”期间要紧抓机遇,明晰方向,突出重点,迅速培育和壮大物联网产业。在“十三五”规划期间,物联网被明确定位为我国战略性新兴产业之一。我国加速推动物联网自身的发展,开始逐步尝试实施“物联网+”业态模式的转变。

在“十四五”时期,我国积极推动物联网全面发展,体现了政府对该领域的战略支持。2021 年 3 月,第十三全国人民代表大会第四次会议通过了关于国民经济和社会发展第十四个五年规划和 2035 年远景目标纲要的决议,明确提出要“推动物联网全面发展,打造支持固移融合、宽窄结合的物联接入能力”“分级分类推进新型智慧城市建设,将物联网感知设施、通信系统等纳入公共基础设施统一规划建设,推进市政公用设施、建筑等物联网应用和智能化改造”[17]。这一决议突显了物联网技术在推动城市建设和各行业升级方面的战略重要性。

2022 年,国务院印发《“十四五”数字经济发展规划》(以下简称《规划》),强调物联网在工业制造、农业生产、公共服务、应急管理等领域的关键作用。《规划》提到要“提高物联网在工业制造、农业生产、公共服务、应急管理等领域的覆盖水平,增强固移融合、宽窄结合的物联接入能力”[18]。这表明政府对物联网应用的广泛推广和创新的技术整合充满期待,以推动数字经济的高质量发展。这一系列政策举措有助于保持我国物联网产业在全球范围内的领先地位,推动相关行业朝着数字化和智能化方向迅速发展。

为强化物联网新型基础设施建设, 2021 年 9 月,工业和信息化部等八部委联合发布《物联网新型基础设施建设三年行动计划(2021—2023 年)》(以下简称《行动计划》),明确“到 2023 年底,在国内主要城市初步建成物联网新型基础设施,社会现代化治理、产业数字化转型和民生消费升级的基础更加稳固”“突破一批制约物联网发展的关键共性技术,培育一批示范带动作用强的物联网建设主体和运营主体,催生一批可复制、可推广、可持续的运营服务模式,导出一批赋能作用显著、综合效益优良的行业应用,构建一套健全完善的物联网标准和安全保障体系”[19]。《行动计划》还提出,截至 2023 年底,物联网连接数达到 20 亿以上,物联网标准体系完善,完成 40 项以上国家标准或行业标准的修订。表 1-1 展示了近年来,国家发展改革委、工业和信息化部等部委相继颁布的物联网领域的重要政策,同时,相关部委也纷纷推动物联网在各行业领域的应用,为物联网的发展创造了良好的环境。

表 1-1　近年来物联网行业国家层面相关政策

发布时间	相关部委（门）	政策名称	相关解读
2023 年 2 月	国务院	《数字中国建设整体布局规划》	打通数字基础设施大动脉。加快 5G 网络与千兆光网协同建设，深入推进 IPv6 规模部署和应用，推进移动物联网全面发展，大力推进北斗规模应用[20]
2022 年 12 月	国务院	《扩大内需战略规划纲要（2022—2035 年）》	加快建设信息基础设施。建设高速泛在、天地一体、集成互联、安全高效的信息基础设施，增强数据感知、传输、存储、运算能力。加快物联网、工业互联网、卫星互联网、千兆光网建设，构建全国一体化大数据中心体系，布局建设大数据中心国家枢纽节点，推动人工智能、云计算等广泛、深度应用，促进“云、网、端”资源要素相互融合、智能配置[21]
2022 年 6 月	工业和信息化部等六部门	《工业能效提升行动计划》	推动 5G、云计算、边缘计算、物联网、大数据、人工智能等数字技术在节能提效领域的研发应用，积极构建面向能效管理的数字孪生系统。发挥 5G 应用产业方阵、“绽放杯” 5G 应用征集大赛等平台作用，深入挖掘 5G 赋能工业领域节能提效的典型案例和场景并加以推广[22]
2022 年 6 月	国家发展改革委等九部门	《“十四五” 可再生能源发展规划》	结合数字乡村建设工程，推动城乡可再生能源数字化、智能化水平同步发展，推进可再生能源与农业农村生产经营深度融合，提升乡村智慧用能水平。推动可再生能源与人工智能、物联网、区块链等新兴技术深度融合，发展智能化、联网化、共享化的可再生能源生产和消费新模式。推广新能源云平台应用，汇聚能源全产业链信息，推动能源领域数字经济发展[23]
2022 年 1 月	国家发展改革委等四部门	《关于加快推进城镇环境基础设施建设的指导意见》	推进数字化融合。充分运用大数据、物联网、云计算等技术，推动城镇环境基础设施智能升级，鼓励开展城镇废弃物收集、贮存、交接、运输、处置全过程智能化处理体系建设。以数字化助推运营和监管模式创新，充分利用现有设施建设集中统一的监测服务平台，强化信息收集、共享、分析、评估及预警[24]
2021 年 12 月	国务院	《“十四五” 数字经济发展规划》	加快建设信息网络基础设施。建设高速泛在、天地一体、云网融合、智能敏捷、绿色低碳、安全可控的智能化综合性数字信息基础设施……提高物联网在工业制造、农业生产、公共服务、应急管理等领域的覆盖水平，增强固移融合、宽窄结合的物联接入能力[25]
2021 年 12 月	民政部	《“十四五” 民政信息化发展规划》	以全国养老服务数据资源为依托，综合运用大数据、区块链、人工智能、物联网、云视频等新技术，构建线上线下相结合，多方参与，集信息收集、资源共享、供需互动、综合监管为一体的智慧养老综合服务平台。分地域整合各类养老服务资源，并与民政大数据平台互联互通，推进各类养老服务和产品对接，实现行业良性发展[26]
2021 年 11 月	工业和信息化部	《“十四五” 信息通信行业发展规划》	到 2025 年，信息通信行业整体规模进一步壮大，发展质量显著提升，基本建成高速泛在、集成互联、智能绿色、安全可靠的新型数字基础设施，创新能力大幅增强，新兴业态蓬勃发展，赋能经济社会数字化转型升级的能力全面提升，成为建设制造强国、网络强国、数字中国的坚强柱石[27]

续表

发布时间	相关部委（门）	政策名称	相关解读
2021年10月	工业和信息化部	《物联网基础安全标准体系建设指南（2021版）》	到2022年，初步建立物联网基础安全标准体系，研制重点行业标准10项以上，明确物联网终端、网关、平台等关键基础环节安全要求，满足物联网基础安全保障需要，促进物联网基础安全能力提升。到2025年，推动形成较为完善的物联网基础安全标准体系，研制行业标准30项以上，提升标准在细分行业及领域的覆盖程度，提高跨行业物联网应用安全水平，保障消费者安全使用[28]
2021年9月	工业和信息化部等八部门	《物联网新型基础设施建设三年行动计划（2021—2023年）》	到2023年底，在国内主要城市初步建成物联网新型基础设施，社会现代化治理、产业数字化转型和民生消费升级的基础更加稳固。突破一批制约物联网发展的关键共性技术，培育一批示范带动作用强的物联网建设主体和运营主体，催生一批可复制、可推广、可持续的运营服务模式，导出一批赋能作用显著、综合效益优良的行业应用，构建一套健全完善的物联网标准和安全保障体系[29]
2021年7月	工业和信息化部等十部门	《5G应用“扬帆”行动计划（2021—2023年）》	到2023年，我国5G应用发展水平显著提升，综合实力持续增强。打造IT（信息技术）、CT（通信技术）、OT（运营技术）深度融合新生态，实现重点领域5G应用深度和广度双突破，构建技术产业和标准体系双支柱，网络、平台、安全等基础能力进一步提升，5G应用“扬帆远航”的局面逐步形成[30]
2021年6月	工业和信息化部	《工业互联网和物联网无线电频率使用指南（2021年版）》	引导行业用户根据应用场景的特点，选择适合的无线电通信技术，提高工业应用与频率资源适配性，提升频率资源利用效率和效益；并通过规范频率使用和台（站）设置，降低无线电有害干扰风险，保障相关无线通信系统安全稳定运行和工业企业的安全生产[31]
2021年5月	国家发展改革委等四部门	《关于推动城市停车设施发展的意见》	到2025年，所有城市均基本建成配建停车设施为主、路外公共停车设施为辅、路内临时停车为补充的城市停车设施系统，社会资本积极参与，停车资源高效利用，停车设施智能便捷，城市停车规范有序，居住社区、医院、学校、交通枢纽等重点区域停车需求基本满足。到2035年，布局合理、供给充足、智能高效、便捷可及的城市停车系统全面建成，为现代城市发展提供有力支撑[32]
2021年5月	商务部等12部门	《关于推进城市一刻钟便民生活圈建设的意见》	拓展智能体验，鼓励应用5G、大数据、人工智能、物联网等先进信息技术，驱动发展无接触交易、智能结算、网订店取（送）、直播带货、自助售卖等创新模式，拓展便民生活圈应用场景。优化信息服务，支持依托智慧社区信息系统，构建城市便民生活圈智慧服务平台（小程序或APP）[33]
2020年5月	工业和信息化部	《关于深入推进移动物联网全面发展的通知》	到2020年底，NB-IoT网络实现县级以上城市主城区普遍覆盖，重点区域深度覆盖；移动物联网连接数达到12亿；推动NB-IoT模组价格与2G模组趋同，引导新增物联网终端向NB-IoT和Cat1迁移；打造一批NB-IoT应用标杆工程和NB-IoT百万级连接规模应用场景[34]

续表

发布时间	相关部委（门）	政策名称	相关解读
2020 年 3 月	工业和信息化部	《工业和信息化部办公厅关于推动工业互联网加快发展的通知》	落实中央关于推动工业互联网加快发展的决策部署，统筹发展与安全，推动工业互联网在更广范围、更深程度、更高水平上融合创新，培植壮大经济发展新动能，支撑实现高质量发展。提出加快新型基础设施建设、加快拓展融合创新应用、加快健全安全保障体系、加快壮大创新发展动能、加快完善产业生态布局、加大政策支持力度等 6 方面 20 项措施[35]
2020 年 3 月	工业和信息化部	《工业和信息化部关于推动 5G 加快发展的通知》	全力推进 5G 网络建设、应用推广、技术发展和安全保障，充分发挥 5G 新型基础设施的规模效应和带动作用，支撑经济高质量发展。提出加快 5G 网络建设部署、丰富 5G 技术应用场景、持续加大 5G 技术研发力度、着力构建 5G 安全保障体系、加强组织实施等 5 方面 18 项举措[36]
2020 年 1 月	农业农村部、中央网络安全和信息化委员会办公室	《数字农业农村发展规划（2019—2025 年）》	对新时期推进数字农业农村建设的总体思路、发展目标、重点任务作出明确部署，擘画了数字农业农村发展新蓝图。数字农业标准体系加快建设，农业物联网应用服务、感知数据描述和传感设备基础规范等一批国家和行业标准陆续出台[37]

在国家政策的积极推动下，2021 年起物联网行业迎来新一轮的发展机遇。中国各级地方政府在响应国家政策的同时，也制定了相应的实施策略，以促进当地物联网行业的发展。表 1-2 列出了一些重点城市在物联网领域采取的相关政策，而表 1-3 则展示了省（区、市）层面物联网行业在发展方面的目标设定。这些政策和目标的制定充分彰显了各级地方政府在物联网领域投入和支持的决心，同时为行业的可持续发展指明了方向。国家与地方政策的协同推动有助于促使物联网行业在技术创新、产业升级和市场拓展等方面取得更为显著的成果。

表 1-2　部分重点城市物联网行业相关政策

发布省市	发布时间	政策名称	相关解读
无锡	2023 年 7 月	《无锡国家传感网创新示范区（无锡市物联网产业集群）发展三年行动计划（2023—2025 年）》	将发展路径总结为“需求导向引领模式创新、领域应用倒逼技术进步、生态培育促进产业集聚”，加快将物联网集群发展重心转向产业端和供给侧。到 2025 年，无锡物联网产业集群发展取得阶段性成效，国际竞争力达到世界一流水平。突破一批全球领先的关键核心技术，打造一批平台型、链主型领军企业，形成一批市场价值广阔的行业应用。物联网产业规模超过 5 000 亿元，企业总数超过 4 000 家，国家级试点示范不少于 25 个，牵头及参与国际、国家、行业标准超过 140 项[38]

续表

发布省市	发布时间	政策名称	相关解读
无锡	2022年11月	《加快发展物联网"无锡倡议"》	一是布局适度超前的数字新基建，二是攻关面向未来的数字新技术，三是拓展赋能千行百业的数字新应用，四是打造开放协同的世界级物联网集群。牢牢把握全球数字化发展大趋势和数字时代国际大格局，以国家物联网先进制造业集群为核心，推动构建政产学研紧密耦合、共融共生的物联网创新发展命运共同体，打造世界级物联网产业集群，辐射带动我国物联网产业高质量发展[39]
	2021年12月	《无锡国家传感网创新示范区发展规划纲要（2021—2025年）》	提出了无锡"十四五"时期物联网产业发展指导思想、基本原则、发展目标、重点任务等，提出了"强化科技创新支撑、扩大应用示范引领、促进产业智能升级、优化发展生态格局"四大重点任务，并建议从"加强组织保障、创新体制机制、加大政策支持、加强人才引育、加强金融支撑、开放应用场景"六大维度给予保障，为无锡市物联网产业"十四五"发展提供了重要依据和遵循[40]
	2021年10月	《无锡市"十四五"车联网产业规划》	以创新引领，规模应用、政企协同，市场导向、补链强链，融合发展、数据共享，规范管理、开放合作，协同发展为原则，进一步明确无锡市车联网产业发展思路，并按2021—2022年，2023—2025年分阶段制定车联网产业发展总目标。规划围绕培育产业生态、加快规模覆盖、催熟商业应用、构建创新体系、构建测试体系、完善体制机制、推进区域协同等方面，部署了十六项重点任务，提出了八项支撑保障工作[41]
	2020年3月	《无锡市5G产业发展规划（2020—2025年）》	到2025年，无锡要建成国际一流的5G精品网络，构建全国驰名的5G产业基地，建设全国领先的5G应用示范城市，把无锡打造成为国内5G产业发展的品牌核心区，巩固国际知名、国内一流的物联网城市地位。到2025年底，实现全市室内外5G网络全覆盖、行业应用网络需求全面承载，5G主产业链规模达到1 000亿元[42]
	2018年2月	《关于进一步支持以物联网为龙头的新一代信息技术产业发展的政策意见》	紧密结合无锡新一代信息技术发展实际，对扶持新一代信息技术产业、集成电路产业发展的政策意见作了进一步优化完善，指向明确、重点突出，并将政策意见和行动计划结合起来实施，对加快推动物联网等新一代信息技术产业发展具有重要意义[43]
北京	2023年3月	《关于推动北京互联网3.0产业创新发展的工作方案（2023—2025年）》	力争未来3年，突破一批互联网3.0底层关键核心技术，加快国产化替代进程；搭建一批共性技术支撑平台，加强国产技术协同创新；推动建设一批"互联网3.0+"标杆应用场景，加快国产技术迭代成熟；积极培育创新生态，探索建立监管与治理体系，保障产业健康发展[44]
	2023年2月	《关于北京市推进先进制造业和现代服务业深度融合发展的实施意见》	加快人工智能、工业互联网、5G、大数据、物联网、云计算、元宇宙等新一代信息技术在制造业、服务业的创新应用，培育一批智能经济新业态。积极建设国家工业互联网大数据中心，面向重点行业孵化培育一批国内一流的工业互联网平台，推动工业互联网赋能企业数字化转型[45]

续表

发布省市	发布时间	政策名称	相关解读
北京	2022 年 5 月	《北京市数字经济全产业链开放发展行动方案》	统筹规划本市信息网络、算力基础设施建设。鼓励符合条件的市场主体参与数字基础设施的投资、建设和运营。推进物联网、车联网、卫星互联网等新一代通信网络基础设施建设，积极申报国家新型互联网交换中心试点，全面提升北京数据交换能力。提升数据中心整体计算能级和绿色节能水平，对新建数据中心实施总量控制、梯度布局和建设指导，支持存量数据中心实施优化调整和技改升级[46]
	2021 年 12 月	《北京工业互联网发展行动计划（2021 年—2023 年）》	全面实施“3+3”行动工程，即实施供给质量提升 3 大行动、产业集群培育 3 大工程，到 2023 年，推进北京工业互联网发展实现“一十百千”目标，将北京建设成为引领全国、影响世界的工业软件创新高地、工业互联网平台赋能高地、工业互联网安全服务高地和工业互联网产业发展高地[47]
	2020 年 7 月	《北京市加快新型基础设施建设行动方案（2020—2022 年）》	聚焦“新网络、新要素、新生态、新平台、新应用、新安全”六大方向，提出建设新型网络基础设施、建设数据智能基础设施、建设生态系统基础设施、建设科创平台基础设施、建设智慧应用基础设施、建设可信安全基础设施等 6 大方面共 30 项重点任务[48]
	2019 年 1 月	《北京市 5G 产业发展行动方案（2019 年—2022 年）》	到 2022 年，北京运营商 5G 网络投资累计超过 300 亿元，实现首都功能核心区、城市副中心、重要功能区、重要场所的 5G 网络覆盖；北京科研单位和企业在 5G 国际标准中的基本专利拥有量占比 5%以上；重点突破 6 GHz 以上中高频元器件规模生产关键技术和工艺；北京 5G 产业实现收入约 2 000 亿元，拉动信息服务业及新业态产业规模超过 1 万亿元[49]
上海	2023 年 9 月	上海市进一步推进新型基础设施建设行动方案（2023—2026 年）	支撑数字孪生的物联感知体系基本建成，数字技术赋能经济、治理、生活基础设施成效显著，交通、物流、教育、医疗、养老等基础设施智能化水平大幅提升，面向城市数字生活新图景的新业态新模式加速涌现[50]
	2022 年 6 月	《上海市促进智能终端产业高质量发展行动方案（2022—2025 年）》	抓住智能终端互联互通、高度融合的发展趋势，构建更有韧性的产业体系，强化产业链供应链协同，促进跨领域融通。不断完善产业生态体系，优化供给模式和发展动能。充分发挥上海在上游核心环节和研发设计能力方面的优势，汇聚创新资源，优化创新环境，推动产业链与创新链有效衔接，引领智能终端产业发展。以数字化转型为契机，以市场需求为导向，以应用场景为切入点，瞄准新市场、新业态、新服务、新需求，打造市场接受度高、市场空间大、市场竞争力强的智能终端产品[51]
	2021 年 6 月	《上海市战略性新兴产业和先导产业发展“十四五”规划》	强化物联网核心技术突破，在工业控制、居家养老、精准农业、产品溯源、能源管理、智能园区、智能交通、公共安全等领域启动千万级规模的物联网应用示范工程，推进物联网技术与交通融合，推进存量设施信息化提升改造。在无线射频识别（RFID）、传感器、物联网通信芯片、系统软件、信息安全等核心技术领域实现整体突破，培育一批具有国际竞争力的物联网骨干企业[52]

续表

发布省市	发布时间	政策名称	相关解读
上海	2021 年 1 月	《上海市国民经济和社会发展第十四个五年规划和二〇三五年远景目标纲要》	加大 5G、物联网、工业互联网等新型基础设施投资，扩大战略性新兴产业投资，推进浦东综合交通枢纽、大科学设施群、市域（郊）铁路和新城等一批强基础、增功能、利长远的重大项目建设。推进装备农业和智慧农业发展，加大自动化、智能化装备推广力度，应用物联网、大数据等手段，建设一批粮食生产无人农场及食用菌、蔬菜和花卉园艺等植物工厂，稳定粮食种植面积和产量，大力推广花卉等经济作物，努力打造都市型农业标杆城市[53]
	2020 年 4 月	《上海市推进新型基础设施建设行动方案（2020—2022 年）》	到 2022 年，全市新型基础设施建设规模和创新能级迈向国际一流水平，高速、泛在、融合、智敏的高水平发展格局基本形成，5G、人工智能、工业互联网、物联网、数字孪生等新技术全面融入城市生产生活，新型基础设施成为上海经济高质量发展和城市高效治理的重要支撑[54]
深圳	2022 年 11 月	《深圳市支持新型信息基础设施建设的若干措施》	在物联感知基础设施层面，推进智能表计规模部署，支持城市水务、燃气运营企业规模部署智能水表、燃气表；推进多功能智能杆建设，加强市、区多功能智能杆一体化布局，全市新建、改扩建道路及其他相关政府项目统一规划建设多功能智能杆；部署车联网基础设施，统筹规划、配套建设智能网联汽车通用的通信设施、感知设施、计算设施等车路协同基础设施，加快 5.9 GHz 车联网技术试验，推动蜂窝车联网（C-V2X）网络建设[55]
	2022 年 10 月	《深圳市加快推进 5G 全产业链高质量发展若干措施》	支持 IoT（物联网）传感器等 5G 关键元器件研发和产业化。鼓励企业围绕传感类元器件、电路类元器件、连接类元器件、光通信器件等 5G 关键元器件，以及 5G 端到端切片、可编程网络、网络遥测等核心网络技术开展技术研发，对企业参与 5G 关键元器件及网络核心技术攻关面上、重点和重大项目，资助金额分别不超过 500 万元、1 000 万元、3 000 万元。支持企业开展元器件及 5G 网络技术研发和产业化项目，按经审计认定的项目投资额的 30% 给予资助，最高 1 000 万元[56]
	2022 年 6 月	《深圳市人民政府关于发展壮大战略性新兴产业集群和培育发展未来产业的意见》	战略性新兴产业重点细分领域包含智能终端产业集群、智能传感器产业集群、智能网联汽车产业集群等。聚焦智能传感器设计、制造、封测、装备材料等环节，加快新型传感器材料、CMOS-MEMS 集成技术、先进封装工艺等核心技术攻关，建设 MEMS 中试线、MEMS 传感器产业基地，丰富智能传感器在消费电子、汽车电子、智慧城市等领域应用场景，支持南山、龙华、光明等区建设集聚区，打造全要素完备的智能传感器产业集群[57]
	2022 年 3 月	《深圳市推进新型信息基础设施建设行动计划（2022—2025 年）》	到 2025 年底，重点围绕公共安全、公共建筑和设施、公共服务等领域，构建智能、泛在、先进、互联、共享的物联感知体系，助力提升居民生活品质和城市精细化管理能力。部署物联感知终端达千万级，物联网实现全域覆盖，车联网路侧设备规模部署，建设低空领域无人机空中感知系统。着力打造城市级物联感知平台，构建全域覆盖的物联网络体系，探索卫星通信与地面 5G、物联网的融合发展[58]

续表

发布省市	发布时间	政策名称	相关解读
深圳	2020 年 7 月	《深圳市人民政府关于加快推进新型基础设施建设的实施意见(2020—2025 年)》	构建覆盖“5G+千兆光网+智慧专网+卫星网+物联网”的通信网络基础设施体系,为率先实现万物互联奠定坚实基础。加快推进专用网络建设,建设 5G 政务专网、1.4 GHz 无线宽带专网和 1.8 GHz 行业专网。加快推进公共服务、城市治理等物联网基础设施建设,利用窄带物联网、增强机器类通信、远距离无线传输等物联网通信技术,积极部署低成本、低功耗、高精度、高可靠的智能化传感器,探索建立健全物联网技术标准体系,规范数据采集、汇聚、管理与共享,推动万物互联发展[59]

表 1-3　省(区、市)层面物联网行业发展目标

省(区、市)	发展目标
北京	推动物联网在数字贸易、金融、民政等各行业的应用推广
天津	推进物联网等信息技术赋能商品交易
河北	重点突破智能低碳工业物联网
山东	围绕物联网、5G、量子信息等领域壮大新型研发机构群
山西	推动区块链政务网、视联网、物联网互联互通
内蒙古	加强物联网基站建设
辽宁	加速推进物联网等移动通信技术快速发展
吉林	催化物联网等新一代信息技术在制造业和农村建设方面的应用
黑龙江	开展物联网农业试点示范
上海	推动物联网在工业、农业领域的应用
江苏	加快推进物联网、大数据、区块链技术等在集聚区的全面应用
浙江	加快发展软件与信息服务,物联网系统与应用等产业
安徽	强化物联网技术实时动态产品追溯能力
江西	鼓励各地市按需推进人工智能、物联网等平台建设
福建	部署建设低时延、高可靠、广覆盖的物联网网络
广东	加快物联网建设,将泛在感知设施纳入公共基础设施统一规划部署
广西	打造行业级物联网公共服务平台
海南	做优做强物联网、人工智能、区块链、跨境数字贸易
河南	推动“5G+物联网+人工智能”融合发展
湖北	鼓励推动各行业实现物联网+应用结合落地
湖南	推进大数据、物联网、人工智能、区块链等技术深度融合

续表

省(区、市)	发展目标
陕西	着力打造物联网产业链
宁夏	完善发展机制、人才引进和人才培养模式
甘肃	推进物联网计算中心建设
四川	推动物联网创新驱动高质量发展
重庆	推动物联网产业集成创新和规模化发展
贵州	积极探索物联网等技术手段的应用
云南	加快物联网等战略性新兴产业发展

(部分数据来源:前瞻产业研究院整理[60])

1.2.3 物联网产业发展现状

物联网产业作为我国战略性新兴产业之一,是新基建的关键组成部分。根据工业和信息化部等八部门于 2021 年 9 月联合印发的《物联网新型基础设施建设三年行动计划(2021—2023 年)》[19],物联网是以感知技术和网络通信技术为主要手段,旨在实现人、机、物的广泛连接,提供信息感知、传输和处理等服务的基础设施。随着经济社会数字化转型和智能升级步伐的加速,物联网已成为新型基础设施的不可或缺的组成部分。在行业标准不断完善、技术不断进步以及国家政策的积极扶持下,我国物联网产业呈现出良好的发展势头。作为信息通信行业的新兴应用,在万物互联的大趋势下,物联网市场规模正逐步扩大。

根据《中国物联网产业链与区域发展报告(2021 年)》[61]的数据,我国物联网产业发展已初具规模。商业模式主要以政府主导为主,通信运营商(中国电信、中国移动等)主导的商业模式逐步成熟,系统集成商主导的商业模式也逐渐崭露头角。目前,物联网产业链基本完善,各领域协调发展,重点企业加速发展,规模不断壮大,尤其在技术研发方面取得显著成果,包括芯片、通信协议、网络管理、协同处理和智能计算机等领域。物联网技术应用范围广泛,整体处于起步阶段,主要应用领域包括智能工业、智能农业、智能物流、智能交通、智能环保、智能医疗、智能安防、智能家居和智能电网。

根据中国互联网协会发布的《中国互联网发展报告 2023》蓝皮书[62],近年来中国物联网行业呈现高速增长趋势,已建成全球最大的移动物联网络,移动物联网连接数占全球比例超 70%,成为全球主要经济体率先实现了“物超人”的国家。中商产业研究院发布的《2022—2027 年中国物联网市场需求预测及发展趋势前瞻报告》显示[63],2022 年全国物联网市场规模约 3.05 万亿元,同比增长 15.97%,2023 年全国物联网市场规模约 3.5 万亿元。未来，物联网上涨空间可观，据预测，2024 年全国物联网市场规模可达 4.31 万亿元，复合年均增长率可达 20.24%，详见图 1-6。另外，据 IDC 统计及预测数据，2022 年中国物联网连接数达 56 亿个，到 2026 年将增至约 102.5 亿个，复合增长率约 18%[64]。预计在"十四五"期间，我国物联网产业将继续保持高速增长。从技术维度来看，未来五年中国物联网市场在软件、硬件、服务和连接方面的支出都呈现稳步增长的趋势。具体而言，中国物联网支出在五年预测期内主要集中在硬件市场。据预测，到 2025 年，硬件市场占比将接近 40%[10]，中国企业仍更习惯在硬件上投入更多的费用。

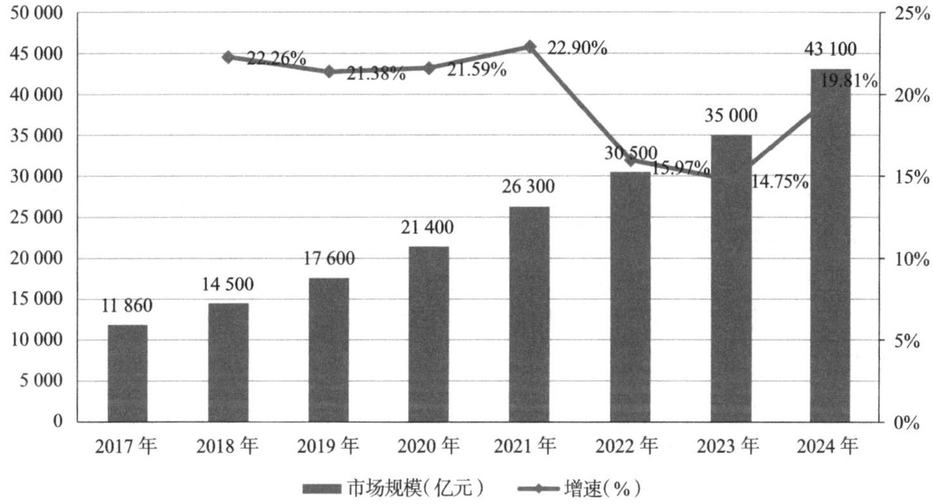

图 1-6　2017—2024 年中国物联网行业市场规模趋势图

（数据来源：新华社、中商产业研究院整理）

2020 年底，中国物联网产业已经基本形成覆盖智能感知、信息传输处理、应用服务的完整产业链。近年来，中国物联网产业创业十分活跃，自 2013 年以来每年新增企业数量不断增加，2016 年新增企业 3.33 万家，而 2021 年新增企业数量达 31.24 万家，数量增长近 10 倍。总体而言，中国物联网应用整体处于起步初期并进入快速发展阶段，物联网应用从闭环走向开放的生态，从碎片化的市场走向规模化的应用。根据 IoT Analytics 统计数据，我国物联网主要应用领域有制造业/工业、交通/车联网、智慧能源、智慧零售、智慧城市、智慧医疗、智慧物流，占据了中国物联网市场约 90%的份额，如图 1-7 所示。

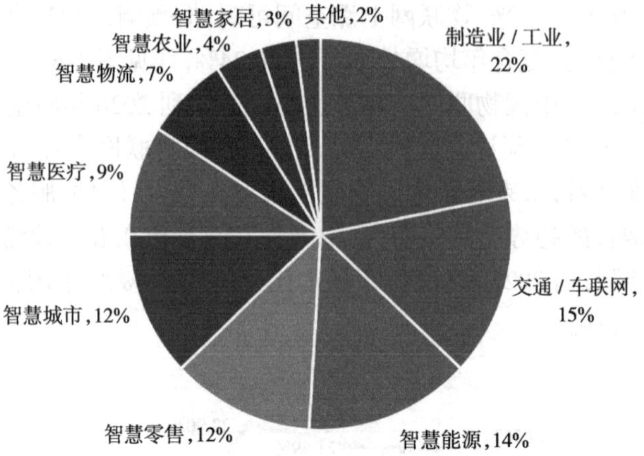

图 1-7　中国物联网行业下游应用领域结构分布

(数据来源:IoT Analytics,前瞻产业研究院整理)

自 2011 年以来,工业和信息化部相继批准设立重庆南岸区、无锡高新技术产业开发区、杭州高新区(滨江)、福州经济技术开发区、江西鹰潭区 5 个物联网新型工业化产业示范基地。这些基地在过去的十几年中不断发展,推动了我国物联网产业的蓬勃发展。产业示范基地的引领作用使得多个省市在物联网产业领域形成了集群发展和应用优势,逐步形成环渤海、长三角、珠三角和中西部四大产业集群区,如图 1-8 所示[65]。各个产业集聚区相互独立,各具特色。在这些区域中,产业领域和公共服务得以协调发展,研发机构和公共服务等配套体系完备,为物联网的应用提供成功案例和可行的发展方向。这些集聚区不仅促进了产业技术的创新,还推动了产品技术的转化,为物联网产业的发展注入活力。

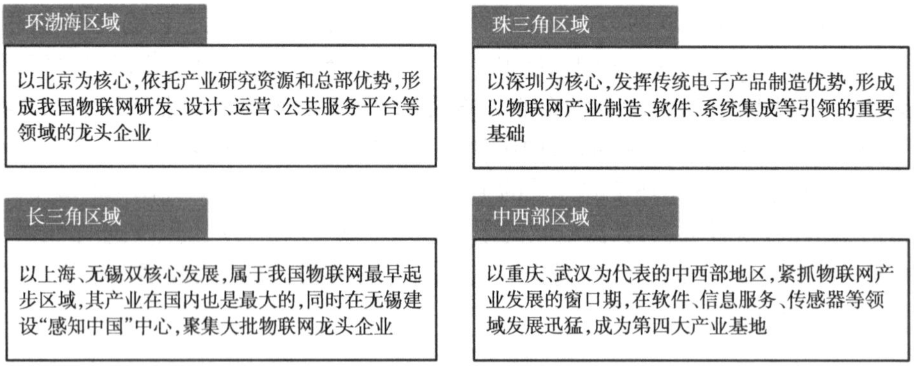

图 1-8　国物联网产业聚集分布情况

(数据来源:《中国物联网产业链与区域发展报告》)

1.2.4　中国物联网发展趋势

物联网行业在发展过程中面临碎片化和深度应用不足的双重问题[66]。一方面，物联网无线通信技术至少涵盖 10 种，感知标准至少有 14 种，网络传输类标准至少包括 23 种，加之上百种的行业标准，用户需求分散而多样，超过 80%的需求来自定制化需求，这使得任何物联网产品/解决方案都难以实现大规模标准化推广，导致行业发展呈碎片化趋势，竞争效率相对较低。另一方面，在物联网应用潜力最大的生产领域，尽管物联网平台企业层出不穷，却缺少能够整合技术与行业经验的解决方案提供者，导致物联网应用主要以政府示范项目和大型企业的战略布局为主导，应用落地仅停留在表面，缺乏深度渗透和内生需求。根据相关分析，中国物联网产业发展趋势包括以下几方面。

（1）传统产业智能化升级将推动物联网应用进一步深化。当前物联网应用正在向工业研发、制造、管理和服务等业务全流程渗透，农业、交通、零售、医疗等行业的物联网集成应用试点也在展开加速。例如射频识别（RFID）技术正在推动电力、航空、鞋服与智能制造等新兴领域的发展，RFID 技术在这些领域表现出色。

（2）消费物联网应用市场潜力将逐步释放。消费领域市场，全屋智能、健康管理、可穿戴设备、智能门锁、车载智能终端等，保持着高速增长，共享经济也在蓬勃发展，“双创”新活力持续迸发。这主要得益于 NB-IoT 技术的发展，其低功耗、广覆盖、海量连接等特点能够满足智能锁、智能家电、安防报警、智能穿戴等应用的技术需求。

（3）新型智慧城市的全面落地实施将推动物联网规模应用和开环应用。目前，国内的传感器公司已经与公共设施部门合作，促进了智能井盖、智能管网、远程抄表和智能路灯等相关应用的全面实施。

此外，根据《中国物联网产业链与区域发展报告（2021 年）》[65]，我国物联网行业未来的发展路径包括构建完善的产业生态，提升物联网技术研发、应用推广和产业公共服务能力。重点在于打造物联网产业链的整体优势，加强对产业生态的布局，构建完善的标准体系，以促进行业内协同发展。培育国家级物联网产业示范基地，聚焦产业链的重点环节和领域，注重技术创新和标准制定，在实践中积累经验，为全行业提供可复制、可推广的成功模式。在实现规模化示范效应方面，强调坚持创新驱动型产业发展，实施一批具有前瞻性、战略性的重大科技项目。这将有助于推动整个物联网行业的升级，为未来的技术创新和产业发展奠定基础。

1.3 重庆市物联网技术及产业发展态势

1.3.1 物联网技术应用状况

中西部物联网产业集聚区，以重庆、成都为核心，各重点省市持续结合自身优势有序规划和布局物联网产业，湖北、四川、陕西、重庆、云南等借助其在科教、人力、产业资源方面的优势，致力于构建完整的物联网产业链和产业体系，重点培育物联网龙头企业，大力推广示范工程[63]。物联网产业作为重点发展的十大战略性新兴产业之一，同时也是智能产业的重要组成部分。重庆近年来着眼于构建“芯屏器核网”全产业链、集聚“云联数算用”全要素群以及打造“住业游乐购”全场景集[67]，物联网再次被摆在了突出位置。

通常，物联网产业链分布较长，涉及核心元器件、传感感知/识别、数据传输/通信、平台与软件、应用技术服务等环节。近年来，重庆市以“集聚平台、整合资源、带动产业”为核心，通过功能平台的支撑，推动物联网产业的集聚，形成了涵盖物联网感知延伸层、传输层、平台层和应用服务层的相对完善的物联网上游、中游、下游产业链，如图 1-9 所示。全市物联网相关企业数量近 1 700 家，其中仅规模以上企业为 628 家，基本形成了硬件制造、运营服务和系统集成“三位一体”的物联网产业体系[68]。

由于物联网产业链几乎涵盖了信息通信技术和信息产业的全领域，其产业链长度较长，涉及领域跨度较大。目前，重庆市物联网产业链的构建仍存在一些不完备之处，如芯片、传感器等关键环节缺乏核心技术支持，大数据挖掘与应用等方面仍然相对不够成熟。这成为需要进一步加强研发和技术创新的重要方向。

1. 产业链上游产业分析

物联网产业链的上游，主要涵盖物联网芯片、感知设备、通信模组/终端以及其他元器件板块。不同类型的芯片包括传感器芯片（如能量传感器、磁传感器）、RFID 芯片、定位芯片、通信芯片（如 NB-IoT、微波毫米波通信芯片）、人工智能芯片（如智能语音芯片）、物联网安全芯片等。在传感器方面，成熟的传感器种类繁多，整体产品主要集中在中低端市场，技术含量相对较低，但由于广泛应用于多个领域，其成为企业广泛采用的技术。在无线通信模组方面，4G、NB-IoT 等蜂窝通信技术以及 ZigBee、蓝牙、Wi-Fi、远距离无线电（LoRa）等非蜂窝通信技术的模组产品已经实现批量生产，具备相对成熟的自研能力。然而，专业从事非蜂窝通信技术模组的企业相对较少，本地区配套设施不完善，这导致企业更多地向珠三角和长三角地区寻求合作。

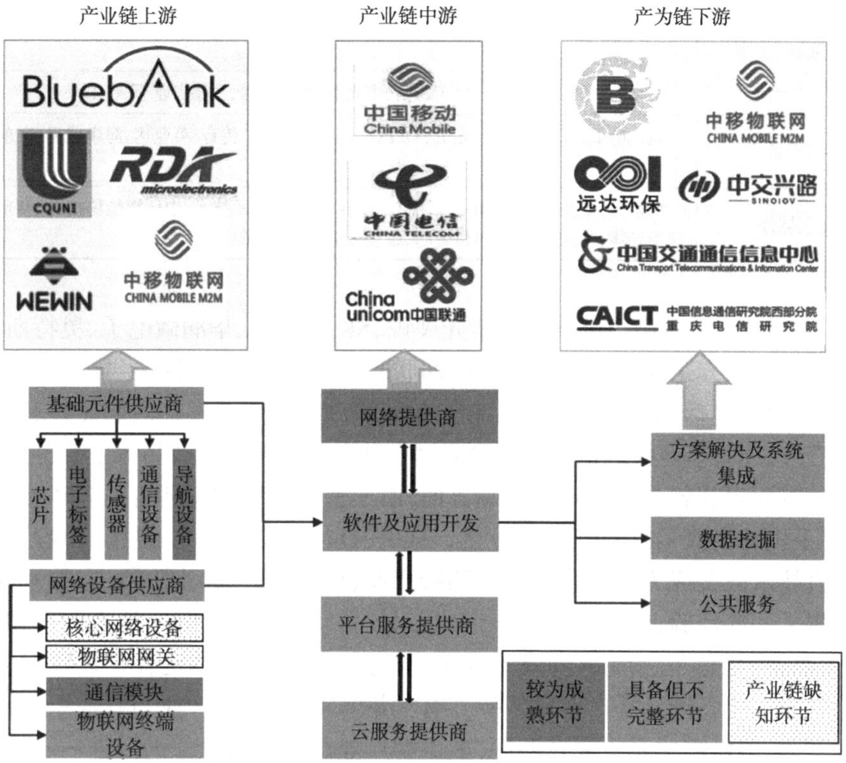

图 1-9　重庆市物联网产业链状况图

（数据来源：重庆市物联网产业协会、中国信息通信研究院西部分院）

如表 1-4 所示，重庆物联网产业主要以感知延伸类产业为主，培育了以声光电和西南集成为主的传感器产业，以清华紫光、锐迪科为主的芯片产业，以盟讯电子、百立丰、长星光电为主的终端产品产业。随着产业布局的不断优化，在芯片、传感器等感知延伸类产业的关键环节上，重庆的技术创新能力逐渐增强，龙头企业领军能力日益凸显，企业数量相对增多，逐渐形成良好的产业生态。

表 1-4　重庆市主要的物联网产业链上游企业

领域	企业
物联网芯片	清华紫光、锐迪科、紫光展锐、SK 海力士、华润微电子、奥特斯、华渝电气、横河川仪、方正高密、中电科芯片、四联光电、中科渝芯、超硅半导体、国芯微、万国半导体、联合微电子、平创半导体
传感器	声光电、西南集成、川仪自动化、中国四联、赛宝创新、两江联创、德尔森、中煤科工、金芯麦斯

续表

领域	企业
通信模组	中移物联网、国网重庆、金美通信、中光电、中国星网、平伟实业、联想未来
终端产品	盟讯电子、百立丰、长星光电、OPPO、vivo、Realme、传音、英业达、海康威视、京东方、蓝岸通讯、品胜科技
其他元器件	京东方（重庆）智慧系统创新中心、惠科、中光电显示技术、中显智能科技、盛泰光电、超硅半导体、埃克斯工业、惠科金渝、康佳光电、蓝盾电子

在芯片方面，重庆已引进培育了紫光展锐、SK 海力士、华润微电子、奥特斯、华渝电气、横河川仪、方正高密、中电科芯片、四联光电、中科渝芯、超硅半导体、国芯微等企业，逐步形成包括芯片设计、晶圆制造、封装测试和应用开发在内的完整芯片产业链。在模组方面，本地模组企业中移物联网在移动物联网模组产品尺寸、支持频段和功耗设计方面表现较为优异。在终端方面，由于重庆本地的超高清视频产业发展较快，智能手机的高清柔显 OLED 产业化、TOF 3D 应用与产业化、高清潜摄产业化及技术手机技术攻关成为发展重点。传感器产业也已经迈过起步阶段，在技术和工艺上已积累了一些经验，应用市场初步形成，川仪自动化、中国四联、赛宝创新、两江联创、德尔森、中煤科工、金芯麦斯等企业逐步建立市场优势，本地客户逐渐增多。汽车、重型工业、装备制造等产业对传感器有大量需求，传感器产业与其他产业初步形成良性互动，但供需关系不完全匹配，上下游产业链的配套服务仍需进一步加强，产业生态需要进一步打造。

2. 产业链中游产业分析

物联网产业链中游，包括网络提供商、平台服务提供商、软件及应用开发企业等。重庆市主要的物联网产业链中游企业如表 1-5 所示。

表 1-5　重庆市主要的物联网产业链中游企业

领域	企业
网络提供商	中国移动、中国电信、中国联通、中国广电、中国星网、中移物联网、重庆信科、重庆通服
平台服务提供商	中移物联网、梅安森、忽米网络、赛迪信息、重庆通服、中国汽研、愉客行、紫光华山、国网重庆、北斗星通、国测时栅
软件及应用开发企业	车杰盟、中兴软件、思建科技、梅安森、盟讯电子、远见信息、城投金卡

在通信系统设备方面，由于应用场景需求的多样性，连接到物联网的通信技术种类繁多，相应的通信系统设备多种多样。由于从事相关业务的企业相对较多，重庆市在微波毫米波、卫星、ZigBee、LoRa、5G 等通信系统设备领域具有一定优势。在网络

连接设备方面，目前主要以传统的交换机、路由器、网关等产品为主，但新技术的融合应用日益显著，涌现出物联网智能网关、物联网边缘网关等新产品。通信运营服务主要由重庆移动、重庆电信、重庆联通、重庆广电等通信运营商提供，已建成 NB-IoT 基站超过 3.8 万个，5G 基站超过 1 万个。在操作系统方面，核心技术仍然被国外巨头企业垄断，重庆市内的操作系统主要以智能物联网嵌入式系统为主，整体规模相对较小；提供云平台应用服务的企业较多，提供云平台基础设施、云操作系统及开发工具的企业相对较少。在通用交互领域，许多企业提供语音交互、生物识别、视觉识别和深度学习等能力。在物联网安全领域，从智能终端接入安全到通信和网络安全再到云平台安全、大数据安全等，都有企业专门负责，在安全应用系统、安全存储和数据库安全管理系统等方面已形成一定的优势。

物联网产业的形态主要体现在软件、应用及平台开发、专网传输服务、位置服务和云服务等方面。典型代表是中国移动子公司中移物联网公司提供的物联网专网服务和平台服务。中移物联网公司依托强大的运营网络资源和渠道优势，推出了 OneNET 物联网开放平台，提供应用软件开发、专网服务等功能，聚集了产业链上下游 100 余家专注物联网研发、设计和制造的企业。其他平台和软件研发机构包括车杰盟、中兴软件、思建科技、梅安森、盟讯电子等。总体而言，重庆市物联网产业链中游的物联网专网服务在全国领先，物联网软件与平台开发企业技术逐步发展，但整体产业规模相对较小。

3. 产业链下游产业分析

在应用层面，企业的分布相对较为集中，已经在农业、工业、交通、能源、医疗、政务等多个领域形成成熟的终端应用。整体而言，从事物联网应用的企业数量较多。在方案解决及信息系统集成服务方面，本地企业在智慧农业、智能制造、智慧交通、车联网等超过 40 个行业应用领域拥有较为成熟的解决方案和实际落地案例，一些行业应用的规模和水平居全国前列。重庆市主要的物联网产业链下游企业如表 1-6 所示。

表 1-6　重庆市主要的物联网产业链下游企业

领域	企业
方案解决及系统集成	中国交通通信信息中心（智慧交通）、中交兴路（智慧交通）、城投金卡（智慧交通）、远达环保（智慧环保）、北京雪迪龙科技（智慧环保）、北京清新环境技术（智慧环保）、阿维塔（智慧出行）、深蓝汽车（智慧出行）、特斯联（智慧城市）、金山科技（智慧医疗与养老）、梅安森（智慧城市）、忽米网络（智能制造、产业互联网）、华数机器人（智能制造）、甲智甲创（智能家居）、埃克斯（智能制造、智慧能源）、天网高新（智能安防）、金算盘（智慧物流）、慧居智能（智慧城市）、恒亦明（智慧照明）、海康威视（智慧安防）、云从科技（智慧城市、智慧出行）、重庆能投（智慧能源）、桑德科技（车联网）、金山科技（智慧医疗）

续表

领域	企业
公共服务	中国信息通信研究院西部分院、中关村重庆创客天下众创平台、招商局重庆交科院、数字重庆大数据应用发展有限公司、重庆高新区

在产业链下游，物联网产业以应用服务业为主，建立以中国交通通信信息中心、中交兴路、城投金卡为主的交通平台运营服务，以及以远达环保为主的环保平台运营服务。城投金卡公司创建了城市智能交通物联网大数据服务平台，是全国唯一的省级大规模应用试点项目；远达环保、北京雪迪龙科技、北京清新环境技术三家上市企业共同建立了智慧思特环保大数据平台，力争成为具有竞争力和影响力的环保物联网平台。在物联网公共服务方面，引进中国信息通信研究院西部分院等国家级公共服务平台，为物联网产业的发展规划、行业动态剖析、基础科学研究、技术培训、产品检测、应用推广等提供咨询、检测、培训等公共服务，不断推动物联网人才培养、技术创新和成果产业化。同时，积极打造物联网企业孵化平台，大力推动中关村重庆创客天下众创平台等物联网创新创业平台的建设，为中小微企业提供开发、运营、营利一站式服务，以加速推动产业的孵化。

1.3.2 物联网产业政策红利

自 2008 年起，重庆便着手规划和布局物联网产业。2010 年 12 月，工业和信息化部批准将重庆市南岸区列为全国首批“国家新型工业化产业示范基地电子信息（物联网）”，为该地区物联网产业的发展注入强劲动力。2018 年 3 月，《重庆市以大数据智能化为引领的创新驱动发展战略行动计划（2018—2020）》[68]中明确将物联网产业列为十二大重点发展产业之一，成为大数据智能产业不可或缺的组成部分。近年来，重庆市相继发布了一系列促进物联网产业发展的政策文件，积极推动物联网产业发展壮大，如表 1-7 所示。重庆致力于构建“芯屏器核网”全产业链、“云联数算用”全要素群以及“住业游乐购”全场景集，再次将物联网产业置于重要地位。在国家新型工业化产业示范基地发展质量评价中，重庆物联网产业连续多年获评国家五星级示范基地，彰显其在全国范围内的卓越表现。

表 1-7　近年来重庆市发布的物联网行业相关政策

发布时间	相关部门	政策名称	相关解读
2023 年 11 月	重庆市经济和信息化委员会	《重庆市智能家居产业高质量发展行动计划（2023—2027 年）》	以深化新一代信息技术与实体经济融合为主线，适应新型家居消费升级需求，重点面向“1+1+*N*”（“1”为智能家电；“1”为服务机器人；“*N*”为先进视听、智能安防、智能卫浴等）产品，大力实施产业链条协同、科技创新引领、质量品牌提升、制造能力升级、优质企业引育、应用生态构建等六大行动，推动重庆市智能家居品牌化、定制化、创新化发展，培育更多全球优势产品，服务“双循环”新发展格局[70]
2022 年 9 月	重庆市人民政府	《重庆市推进智能网联新能源汽车基础设施建设及服务行动计划（2022—2025 年）》	建成新能源汽车与充电基础设施监测平台、新型数字交通物联网大数据服务平台。在数字交通物联网大数据服务平台、中心城区智慧停车管理平台的交通数据资源基础上，融合新能源汽车与充电基础设施监测平台相关数据，实现能源网、交通网、信息网融合发展，形成广泛互联、开放共享的智能网联新能源汽车基础设施体系。鼓励运用区块链、物联网等技术对电池租赁业务进行有效管理[71]
2022 年 3 月	重庆市人民政府	《重庆市战略性新兴产业发展“十四五”规划（2021—2025 年）》	聚焦微电子、集成电路和人工智能等领域，组建混合信号集成电路设计、物联网 IC 及应用研究、片上雷达设计及应用等实验室，开展物联网、雷达和人工智能等方向研究。运用大数据、云计算、物联网、5G 等技术，加快轨道交通运营环境、技术装备及线网客流预警等在线监测能力建设，大力研发轨道交通监测设备、运维装备及零部件，提升轨道交通运维的系统解决方案能力。推动大数据、高清视频、远程传感、物联网、远程诊疗等技术与诊疗设备深度融合发展，加大人工智能影像、医疗机器人、“互联网+家用医疗检测设备”等产品研发制造企业引育力度。推动北斗与人工智能、物联网、区块链等新一代信息技术深度融合，加快其在关键领域和重要行业的融合应用[72]
2021 年 12 月	重庆市人民政府	《重庆市数字经济“十四五”发展规划（2021—2025 年）》	加快发展物联网产业。依托中国智谷（重庆）科技园、两江数字经济产业园、渝北前沿科技城等重点园区，以物联网终端、操作系统和云平台一体化为突破口，整合产业链上下游，推进 MEMS 传感器、物联网模组、物联网网关、智能仪器仪表等产品研发与产业化，加快建设硬件制造、系统集成、运营服务“三位一体”的物联网产业链条。补齐通信模组、超高频和微波 RFID 等产品设计制造短板，提升基于 NB-IoT、eMTC（基于 LTE 演进的物联网技术）、LoRa 等物联网技术的核心部件自主研发制造能力[73]
2021 年 11 月	重庆市经济信息和信息化委员会等十二委办局	《重庆市 5G 应用“扬帆”行动计划（2021—2023 年）》	到 2023 年，全市重点领域 5G 融合应用深度和广度成效明显，以系统、终端、网络设备、元器件、材料为主的 5G 产业生态实现有效集聚，网络、平台、安全等基础能力大幅度提升，5G 应用整体发展水平显著提升。全市 5G 网络综合使用效率明显提升，个人用户普及率达到 40%以上，5G 网络接入流量占比超过 50%，5G 物联网终端用户数年均增长超过 200%[74]
2021 年 8 月	重庆市人民政府	《重庆市工业互联网创新发展行动计划（2021—2023 年）》	建立以 5G 为核心，NB-IoT、4G 等多网络技术融合的多模态网络供应体系，推动多厂区、多园区、供应链统一组网。推动 5G、人工智能、大数据、物联网等新一代信息技术和重点工业产品的融合创新，鼓励企业、科研院所等联合攻关，加快 5G 芯片/模组/网关/MEC、智能传感器、工业软件等基础软硬件创新突破[75]

续表

发布时间	相关部门	政策名称	相关解读
2020 年 6 月	重庆市人民政府	《重庆市新型基础设施重大项目建设行动方案(2020—2022 年)》	强化重大项目的牵引与带动作用,积极布局 5G、数据中心、人工智能、物联网、工业互联网等新型基础设施建设,有序推进数字设施化、设施数字化进程。建设城市综合服务平台,搭建城市级物联网支撑、视频分析及数字孪生等服务平台,打造全市物联网设备集中管理入口和数据汇集枢纽,提供城市级的物联网设备管理、数据汇聚、应用开发和业务分析等服务[76]
2019 年 12 月	重庆市人民政府	《重庆市加快推动 5G 发展行动计划(2019—2022 年)》	推进 5G 与云计算、物联网、大数据、人工智能、工业互联网等信息技术的融合创新,提升区域综合竞争力。5G 与云计算、物联网、大数据、人工智能、区块链、工业互联网等信息技术深度融合,在智能制造、政府管理、民生服务、公共产品、社会治理等领域示范应用成效显著。到 2022 年, 5G 示范应用场景超过 100 个,形成一批可复制可推广的典型案例,引进培育 100 家以上 5G 应用领域创新型企业,成为全国 5G 融合应用样板城市[77]

1.3.3 物联网产业发展现状

1. 产业规模状况

近年来,重庆市注重将各个发展“点”有机联结形成产业“链”,并通过扩展这一“链”使其成为全面覆盖的“面”,构建以龙头企业为基础、以大规模物联网运营平台为支撑的良好发展格局。目前,产业链上的大、中、小微企业协同发展,呈现出协调有序的态势。重庆市正致力于进一步完善产业链布局,培育龙头企业,以龙头企业的发展为引领,“以点带面”,带动中小企业的协同发展。通过不断健全产业保障体系、加大对产业的政策扶持力度,注重资金的引导和投入,实现政策与资金的双重支持。通过引入相关先进企业,同时紧密关注和支持本地物联网企业的培育工作,促使本地物联网企业不断壮大,企业实力逐步提升。重庆市已经建立一个以芯片、模组、终端、行业应用与公共服务平台为支撑的移动物联网产业体系。截至 2019 年,物联网核心产业产值实现 752 亿元,同比增长 39%。其中,物联网硬件制造在整体规模中占据主导地位,产值占比达 47.15%,系统集成位列第二,占比为 31.21%,运营服务产业产值占比为 21.64%[78]。

2. 区域分布情况

近年来,重庆市充分把握物联网发展机遇,通过加大产业投入力度,促进物联网产业迅速发展。市区两级以园区为主体,持续吸引和集聚物联网企业,推动产业集群发展,优化产业空间布局,初步显现了产业集群效益。南岸区为首,渝北区、沙坪坝区、大渡口区、九龙坡区、北碚区、两江新区、永川区、合川区等区县积极发挥各自产业特色,积极布局物联网产业,取得了显著的发展成果。当前,已形成以南岸区为核心的集聚发展区，其他区域（渝北区、沙坪坝区、大渡口区、九龙坡区、北碚区等）作为集聚区，呈现出“一核心区、多集聚区”的产业发展格局[79]。南岸区的物联网企业数量众多，包括蓝岸通讯、声光电、盟讯电子等龙头企业，产业集聚效应明显。两江新区、九龙坡和渝北区积极引进和培育物联网企业，吸引了大量企业入驻，物联网企业的质量和数量都取得了显著提升。两江新区的代表性企业有远见信息、品胜科技、蓝盾电子、川仪自动化、四联光电等；九龙坡的物联网支柱性企业包括城投金卡、梅安森科技、煤科院、中国汽研等；渝北区的大型物联网企业有北斗星通、桑德科技、金山科技等。

3. 细分产值分布

近年来，重庆市积极打造集成电路、新型显示、智能终端、核心器件、物联网等“芯屏端核网”智能产业集群，持续加快 5G、数据中心、物联网等数字基础设施建设，不断夯实数字底座；紧抓新一轮物联网发展机遇，充分发挥平台运营和应用示范的优势，努力补齐 MEMS 传感器、通信模组设计制造等方面的短板，全力打造硬件制造、运营服务和系统集成“三位一体”的产业体系，取得了显著成效。据统计，2022 年重庆市拥有物联网核心企业超过 800 家，系统集成类企业数量占总数的 50.9%；其次是硬件制造类企业，占 34.4%；相对较少的运营服务类企业占比为 14.7%。全市规模以上的物联网企业数量占总数的 40.4%，其中，硬件制造类企业数量同样居首位，占比为 43.51%，其次是系统集成，占 31.17%，运营服务保持在 25.32%。在产业规模方面，物联网硬件制造凭借传统优势稳居主导地位，占据整体产值规模的 47.15%，系统集成位列第二，占 31.21%，运营服务产业产值占整体规模的 21.64%[80]。

4. 企业结构分布

从产业所有制结构的产值占比角度来看，在整体实力较强的民营物联网龙头企业的引领，以及大批科技创新能力强、市场活力旺盛的中小物联网企业的共同努力下，物联网民营阵营已经成为市场的主要力量，在整个物联网市场的产值占比高达 64.77%，并保持着良好的上升趋势。国有物联网企业凭借其资源优势和雄厚的技术实力，在平台运营方面居主导地位，产值占比达到 30.61%，位居第二。相对而言，外资企业在物联网产业的产值占比较小，本地物联网企业规模逐渐壮大。

5. 技术创新业态

重庆市通过积极引导国内外物联网企业在境内设立总部基地、研发机构、运营中心和制造基地，已经成功构建了硬件制造、运营服务和系统集成“三位一体”的物联网产业体系，取得了显著的产业发展效果。在创新平台方面，建立了 15 个创新平台，包括中国信息通信研究院院西部分院的“物联地带·渝”和华为物联网创新中心等，涵盖物联网模组、感知设备、物联网应用等软硬件产品 200 余项，同时打造了 50 余个物联网应用服务平台，南岸区物联网产业示范基地连续多年被工业和信息化部评为五星级国家新型工业化示范基地。在应用示范方面，实施了 180 余个物联网重点应用项目，每年评选出物联网十大应用案例，对超过 40 项优秀物联网应用项目进行示范推广。重庆市连续 6 年主办中国（重庆）物联网创新应用大会等活动，形成了发展物联网应用的良好氛围。

1.3.4 重庆市物联网发展趋势

当前，全球物联网产业正呈现持续高速增长的态势。根据 IoT Analytic 的数据显示，截至 2021 年末，全球物联网连接数已达 122 亿，同比增速接近 8 个百分点。预计到 2025 年，全球物联网网关连接数将达 270 亿[81]，全球物联网产值在未来几年将实现 3 倍以上的增长。我国当前将数字经济发展提升至新的战略高度，物联网作为支撑技术之一，在各行业领域的覆盖面进一步扩大。随着技术融合、跨界应用的持续深入，通过 NB-IoT、LTE-Cat1、5G 等网络基础设施，数以万亿计的新设备将接入网络并产生大量数据。蜂窝物联网终端用户数量约占全球七成，物联网安全与应用国际标准研制取得新进展，智能物联网、绿色物联网等成为行业关注的新方向。

截至 2023 年 11 月，我市已拥有近 1 700 家物联网相关企业，其中规模以上企业超过 600 家，形成了以“硬件制造、运营服务、系统集成”为一体的物联网产业体系[83]。当前，重庆市正在通过构建数字重庆“1361”整体构架，布局“33618”现代制造业集群体系，以数字化引领开创现代化新重庆建设的新局面。基于现有物联网产业基础，结合汽车、电子信息产业的发展优势，不断扩展物联网应用场景。同时，完善人才培养体系，实施积极开放的人才政策，通过培育多元化市场主体，构建运营服务体系，推动全市数字产业化和产业数字化发展[84]。然而，在成渝区域一体化协同发展的大环境下，重庆市物联网产业仍面临一系列问题和挑战，主要包括以下几点。

一是创新能力相对不足，核心技术存在短板。物联网核心芯片、智能传感器、高端软件等关键技术领域自主创新不足，应用技术成熟度偏低、成本较高。物联网技术创新体系不够健全，缺乏高端研发平台、公共技术研发平台、关键核心技术研发平台、共性技术检测与公共服务平台等方面的支持。

二是市场碎片化程度高，供需矛盾显著。物联网应用领域广泛，产业链环节众多，产业结构复杂，各行业之间存在一定的壁垒。物联网产业的发展与各类行业应用、个人应用密切相关。为促进物联网产业发展，需要消除各行业间的障碍，降低进入门槛，实现跨行业合作和资源共享。

三是政策持续性不足，政府支持力度有限。由于物联网政策扶持和配套支持相对薄弱，出现了政策滞后和断续的现象，政府对物联网产业发展的支持力度不足，给其发展带来了严重阻碍。

四是物联网人才储备不足，后继乏力。物联网领域人才短缺，需要加强物联网研发和垂直行业应用等方面的人才培养。目前，高端人才和技能性人才出现“两头缺”的情况，尤其是在民营企业中，这些人才对物联网产业的发展起着重要作用，因此对高学历、高职称的科研技术人员的需求更为迫切。

重庆市物联网产业未来发展方向与趋势包括以下几点。

一是聚焦物联网重点领域突破工程。加快物联网关键核心技术发展，重点突破高端传感器、物联网芯片、操作系统、融合传感通信网络等关键领域研究，开展物联网体系架构共性技术、物联网与移动互联网、大数据融合等关键技术研发创新。

二是聚焦物联网企业培育壮大工程。加快物联网企业产品的扩产增量，发展壮大内生动力，通过技术改造、并购、总部经济、新产品开发等方式，培育一批科学技术领先、品牌效应明显、市场占有率高、经济贡献突出的重点物联网企业，为重庆市大数据智能化发展提供强大支撑。

三是聚焦物联网产品示范推广工程。打造线上物联网综合服务平台，推动线上供需对接、线下合作落地。打造一批与行业需求高度匹配的解决方案与应用标杆；加大物联网在工业、交通、医疗、教育、国防军工、健康养老等重点领域的示范应用推广力度，组织实施重点应用示范工程，推进物联网集成创新和规模化应用。

四是聚焦物联网产业人才培育工程。依托重庆市高校物联网专业课程设置，注重基础教学和实践教学，培养物联网专业复合型人才，引进国内外物联网专业高层次人才，推进物联网专业人才、技能型应用型人才的职业技能认定和专业人才的职称评定工作，持续推进重庆市物联网人才队伍提质增量、集群集聚。

五是加强政策制定与财税金融支持工程。重视物联网产业发展，重视顶层规划设计，不断完善物联网产业战略规划和产业政策，推动出台物联网新型基础设施建设的政策，建立长效稳定的财政扶持机制，推动企业加大研发投入力度，健全融资担保体系，设立物联网专项基金，引导金融机构参与物联网新型基础设施建设，为物联网深入发展提供制度保障。

第 2 章　岗位设置与人才需求

2.1　基本情况

技术技能人才在物联网行业人力资源体系中扮演着至关重要的角色。人才结构、数量和质量的科学合理性对物联网行业企业的业务需求和发展能力具有直接且重要的影响。为深入了解物联网行业技术技能人才的现状和需求，项目组采用多种研究方法，包括调查问卷、结构化访谈、数据捕获、文献资料研究等。在调研的范围和对象选取方面，结合物联网行业的地域分布，以南岸区、渝北区、沙坪坝区、九龙坡区、大渡口区、北碚区等地区的企业为主要调研对象，选择了 203 家具有代表性的企业进行调查，覆盖大、中、小、微型四类企业，最终回收有效问卷 180 份。

2.2　行业企业典型岗位设置情况

2.2.1　企业规模与主营业务领域

物联网产业链包括应用解决方案、传感感知、传输通信和运算处理四大关键环节，与之相关的四大核心学科分别是微电子、无线传感、通信传输、计算机及网络。根据调研结果，重庆市的物联网企业主要分布在硬件与通信制造领域、物联网应用开发领域、物联网服务运营领域和物联网平台提供领域。这些企业主营业务涵盖智能家居、智慧健康、智慧医疗、智能交通、智慧消防、智能安防、智能制造、公用事业、车联网、平台服务等多个物联网配套服务领域。

1. 企业财务状况及物联网经济指标分析

通过对物联网相关企业的大样本调研统计发现，年收入超过 2 000 万元的企业共计 69 家，占比达 38.3%；年收入为 1 000~2 000 万元的企业有 31 家，占比为 17.2%；年收入为 100~1 000 万元的企业为 62 家，占比为 34.5%；年收入低于 100 万元的企业有 18 家，占比为 10%。在物联网产值占企业总产值的分布中，占比为 10%~25%的企业有 25 家，25%~50%的企业有 22 家，50%~75%的企业有 37 家，而占比为 75%~100%的企业有 96 家。总体来看，物联网产值占比为 50%以上的企业占调研企业总数的 73.89%，占比低于 50%的企业为 26.11%，如图 2-1 所示。这表明本次样本主要涵盖核心物联网企业，能有效反映本地区物联网企业的真实情况。

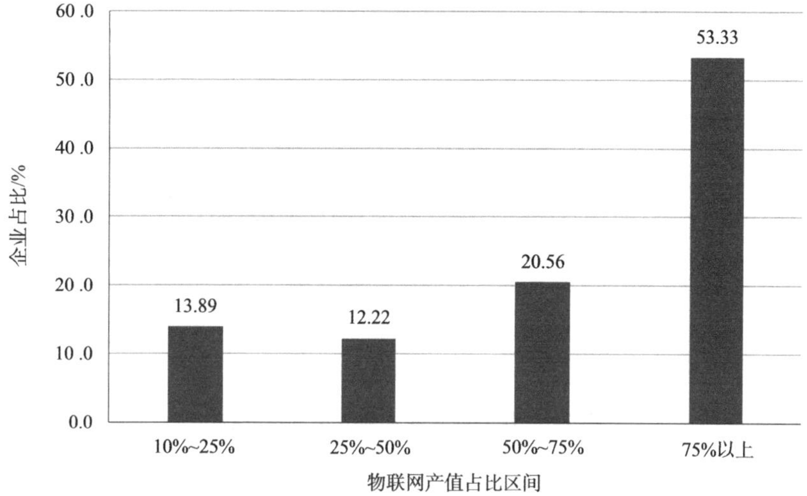

图 2-1　被调研企业年收入中物联网产值占比分布

2. 企业人才规模概况与分析

（以下为个人调研数据，下同）数据统计结果显示，物联网企业中从业人员规模 20 人以下的企业共有 25 家，占比为 13.89%；20~50 人的企业有 45 家，占比 25.00%；51~100 人的企业有 35 家，占比为 19.44%；101~500 人的企业有 29 家，占比为 37.78%；500 人以上的企业有 7 家，占比为 3.89%，如图 2-2 所示。综合分析重庆市域内的数据，可见区域内物联网企业中从业人员规模低于 50 人的企业占比约为 38.89%，反映出小规模企业较为普遍，这些企业正处于发展的初期阶段。从业人员超过 200 人的企业占统计总数的 25.56%，显示出许多物联网企业规模正逐步壮大，发展进入相对稳定的阶段。统计数据还揭示了企业规模呈现出分层的趋势，预示着区域内物联网产业可能迎来规模扩大和竞争加剧的发展态势。

3. 企业主营业务涉及产业链分析

从产业链环节的分布情况来看，解决方案与信息系统集成服务、应用软件开发服务、物联网智能终端以及物联网平台等环节，由于涵盖整个物联网产业链，在重庆市物联网人才需求中占据主导地位。如图 2-3 所示，在重庆市物联网企业的主营业务所属产业链环节中，解决方案与信息服务占比超 68%，应用软件开发服务、物联网智能终端占比均超过 50%，物联网平台的占比接近 50%。显然，重庆市物联网产业主营业务相对较为集中。调研数据表明，重庆市物联网产业与软件产业密切相关，在未来的发展中，物联网产业将更加依赖于计算机软件技术的支撑。

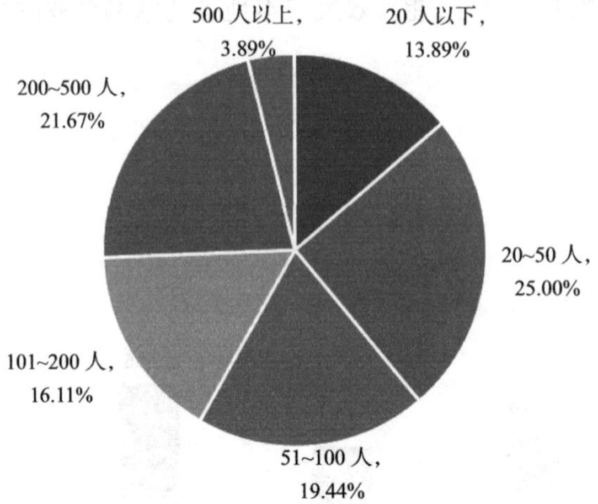

图 2-2　物联网企业从业人员规模分布

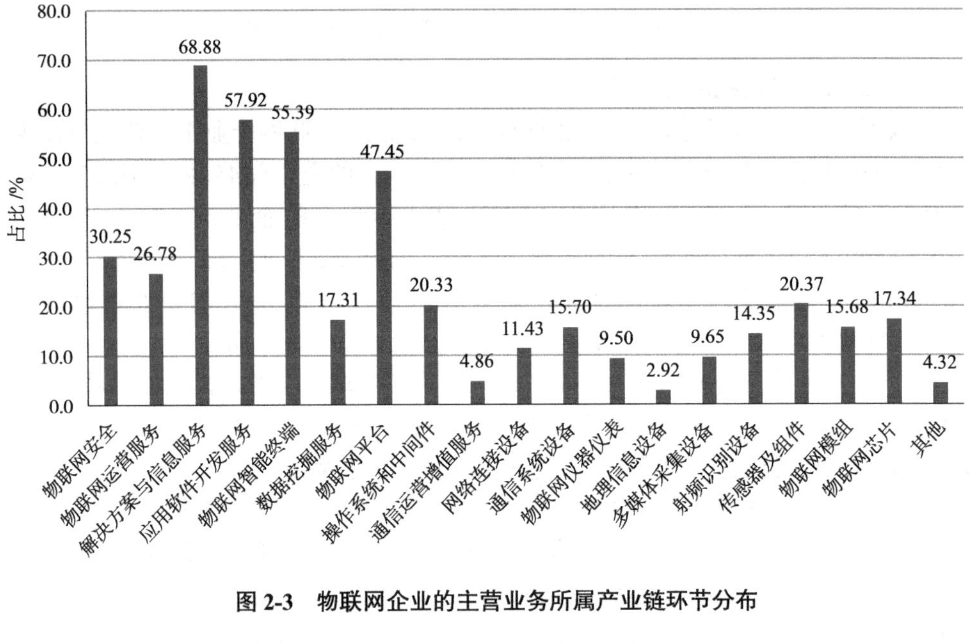

图 2-3　物联网企业的主营业务所属产业链环节分布

根据个人调研结果，重庆市物联网核心企业中，系统集成类企业数量占比较大，达到 50.9%；其次是硬件制造类企业，占 34.4%；运营服务类企业相对较少，占 14.7%。全市规模以上的物联网企业占比超过总数的 40.4%，其中，硬件制造类企业数量居主导地位，占比为 43.51%；系统集成占比为 31.17%；运营服务保持在 25.32%。在产业规模方面，物联网硬件制造凭借传统优势占据主导地位，产值占整体规模的 47.15%；

系统集成位列第二，占整体规模的 31.21%；运营服务产业产值占整体规模的 21.64%，如图 2-4 所示。

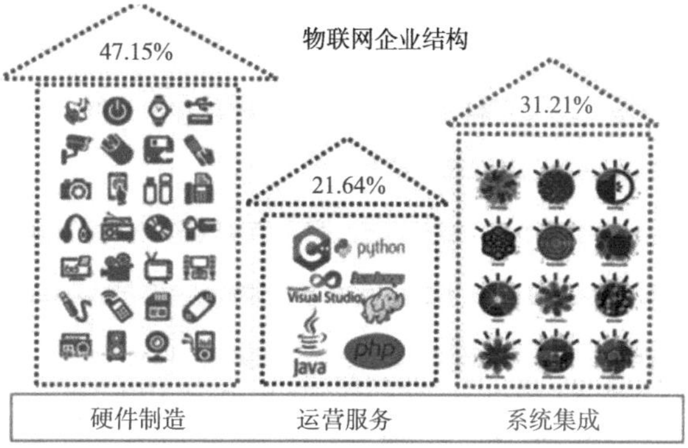

图 2-4　物联网产业规模所属业务领域分布情况

2.2.2　典型岗位设置及分布情况

物联网从业人员已广泛分布于重庆市主城及区县，涵盖销售、技术研究、系统开发、规划实施、运维管理等多个领域。随着物联网技术在传统领域的广泛应用和发展，工业、农业、家居、物流等细分领域涌现出许多中小型企业，对物联网工程技术人才的需求呈现日益增长的趋势。对物联网行业企业岗位设置情况进行调研，结果如图 2-5 所示。目前，企业人才岗位主要集中在管理类、系统架构/开发类、技术/产品开发类、生产制造类、设计施工类、运营与维护类、售前售后支持类。技术/产品开发类、系统架构/开发类、运营与维护类的设置比例均超过或接近 60%。

在技术技能人才占较大比例的设计施工类岗位群中，系统集成工程师、系统设计工程师、系统运维工程师等岗位设置较为普遍，超过 70%的调研企业配置了相关岗位，详见图 2-6。

在技术/产品开发类岗位群中，技术/产品开发类岗位群的详细设置如图 2-7 所示。其中，后端开发工程师、前端开发工程师和嵌入式开发工程帅等岗位设置最为广泛，与当前物联网人才需求缺口相符。

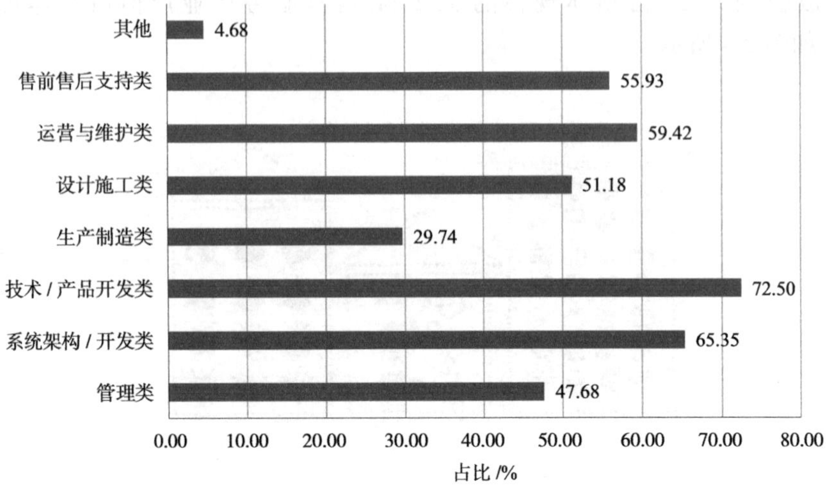

图 2-5　企业岗位类别设置情况

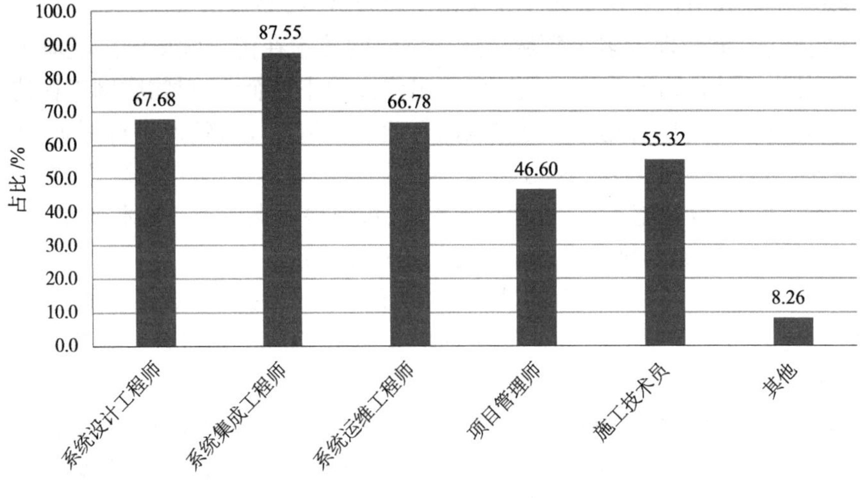

图 2-6　设计施工类岗位群详细设置情况

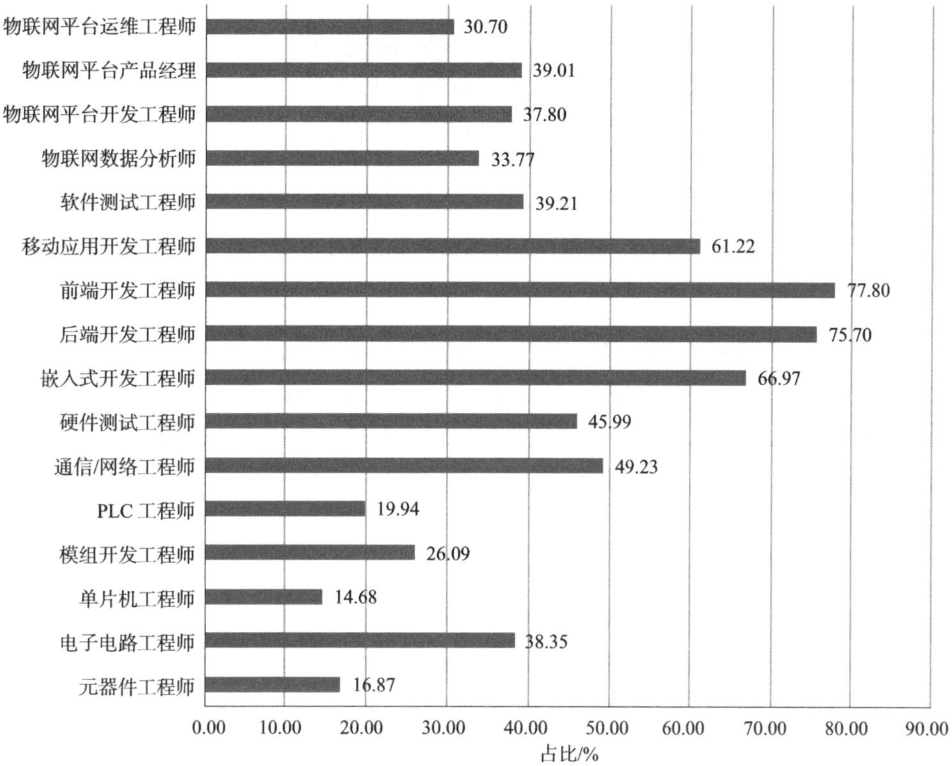

图 2-7　技术/产品开发类岗位群详细设置情况

2.2.3　既有人才组成与管理体系现状

1. 就业企业性质分布

就业企业性质呈多样化趋势，详见图 2-8。物联网从业人员主要聚集在民营企业，占比为 67.78%；国有企业次之，占比为 29.36%；外资、合资企业以及混合所有制企业则相对较少。国有企业在未来随着相关政策的制定和资金投入的增加，其岗位数量预计将有所增加。国有和大中型企业对从业人员的学历要求较高且岗位分工明确，民营、中小型及微型企业则更倾向于岗位打通、一岗多能的灵活性。其他行业，包括自由职业和自主创业者，也在物联网领域找到了就业机会，体现了“大众创业、万众创新”的就业趋势。

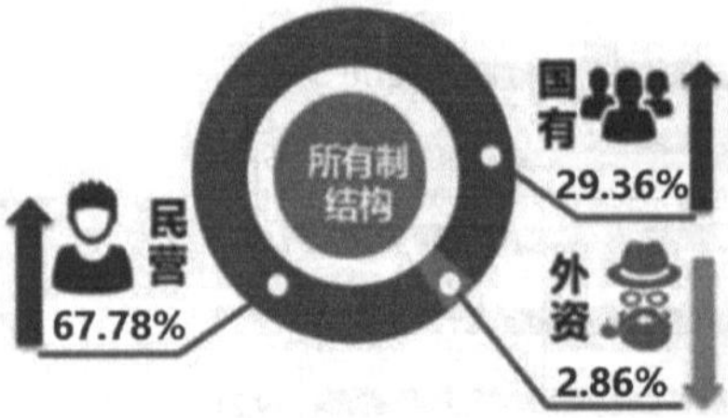

图 2-8　物联网人才就业企业性质分布

2. 所属领域分布

在物联网行业的细分领域中，系统及软件开发商的物联网人才存量最高，占68.45%；其次是系统集成及应用服务提供商、物联网智能终端、物联网平台服务商，物联网人才存量占比均超过 34%；传感器供应商占 15.34%，芯片提供商、通信模组（含天线）厂商占比为 9%左右，详见图 2-9。

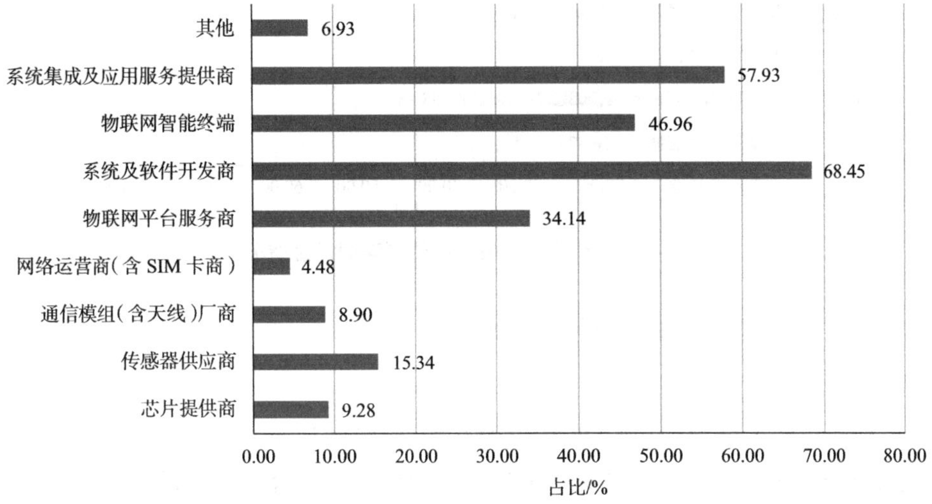

图 2-9　物联网人才所属行业领域占比分析

3. 年龄分布

物联网从业人员年龄主要集中在 20~38 岁，占比为 71.66%，呈现出年轻化的整体结构，具体见图 2-10。底层技术研究领域的从业人员年龄普遍集中在 33~45 岁，因其对学历和工作经验有较高门槛要求；而研发型、开发型岗位的从业人员年龄主要集中在 20~38 岁；技能型岗位，如销售、技术支持和安装调试的从业人员年龄同样主要分布在 20~38 岁。这一年轻化趋势表明物联网、信息技术、电子信息工程等专业毕业生将成为该领域的主力军，同时为能力升级和职业发展提供了新的途径。

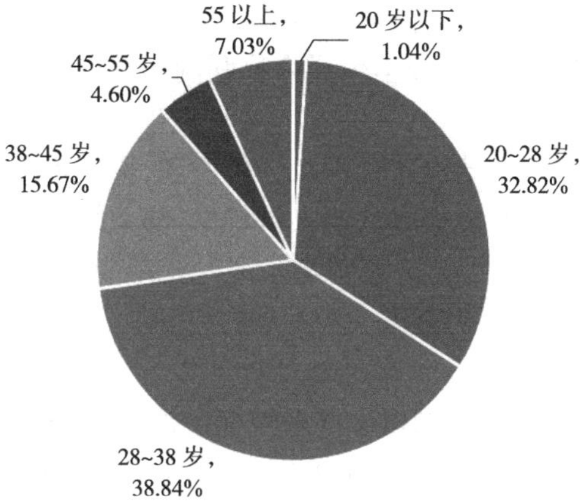

图 2-10　物联网人才年龄分布

4. 学历分布

物联网作为新兴产业，在计算机操作和互联网技术方面对从业人员提出了高要求，同时要求他们保持对新知识、新技术、新理论的持续学习意识和能力。从学历构成角度来看，物联网从业人员主要以本科学历为主，其次为大专和研究生，详见表 2-1。

表 2-1　各类岗位对应学历分布　　单位：%

岗位类别	硕士研究生及以上	本科	高职高专	中职	其他
管理类	20.84	63.49	13.37	0.00	2.30
系统/架构开发类	42.85	46.80	6.47	0.00	3.88
技术/产品开发类	17.70	73.12	9.18	0.00	0.00
生产制造类	6.67	39.77	35.19	6.78	11.59
设计施工类	3.35	46.19	30.28	3.50	16.68
运营与维护类	3.56	54.23	28.93	3.87	9.41
售前售后支持类	4.17	43.37	45.52	4.38	2.56
其他	5.80	33.53	41.60	4.09	14.98
合计占比	13.12	50.06	26.32	2.83	7.67

从事物联网系统研发、规划、设计、实施部署的人群主要来自本科院校的物联网及相关专业毕业生。物联网技术研究领域的人才主要集中在行业领军企业，由于市

场整体需求较小,博士和硕士研究生学历居多,本科学历相对较少。随着物联网技术的广泛应用,越来越多的职业院校学生涌入物联网系统设计、实施、运维及运营管理等岗位。

对物联网相关岗位学历结构进行深入分析发现,重庆市物联企业研发从业人员较多,相比之下实际生产、安装集成从业人员较少,与系统开发和集成产业链占比为31%左右的结果尚有一定差距。这表明物联网行业产能尚未充分释放,物联网系统集成市场仍需加紧开发,未来仍有进一步发展的空间。

5. 薪资水平分布

在薪资水平方面,随着物联网概念逐渐被社会接受,越来越多企业重视物联网的发展,因此提升了物联网相关岗位的薪资水平。如表 2-2 所示,根据对不同类别工作岗位的调研统计,管理类岗位从业人员的年薪为 8 万~30 万元;研发、开发类从业人员的年薪为 8 万~16 万元;技能型从业人员,生产制造、设计施工和运营维护从业人员年薪为 5 万~12 万元;市场营销技能型从业人员的年薪为 8 万~16 万元,与研发、开发类从业人员相当。从总体薪资分布来看,年薪为 8 万~12 万元的人群占比最高。

表 2-2　各类岗位对应薪酬分布　　单位:%

岗位类别	5 万元以下	5 万~8 万元	8 万~12 万元	12 万~16 万元	16 万~20 万元	20 万~30 万元	30 万元以上
管理类	0.00	9.23	17.65	23.33	20.72	16.90	12.17
系统/架构开发类	0.00	3.65	22.25	26.37	21.06	19.84	6.83
技术/产品开发类	0.57	6.83	29.48	27.37	19.45	14.95	1.35
生产制造类	7.08	42.15	29.81	11.18	4.79	4.99	0.00
设计施工类	6.56	34.28	36.27	13.70	6.65	2.54	0.00
运营与维护类	4.48	32.99	38.67	12.06	9.62	1.83	0.35
售前售后支持类	1.78	10.89	38.64	21.57	16.79	5.92	4.41
其他	13.80	44.76	24.45	8.57	5.38	1.67	1.37
合计占比	4.28	23.10	29.65	18.02	13.06	8.58	3.31

2.3　域内企业岗位规划及人才需求

2.3.1　政行园企人才总体规划

加速发展物联网产业不仅是提升我国信息产业核心竞争力、推动创新型经济的战略选择，更是改造优化传统产业结构、促进工业与信息融合、提升社会信息化水平的关键手段，对经济和社会生活将产生深远影响。目前，我国物联网技术高素质人才的匮乏已成为信息网络产业快速发展的瓶颈。培养与国际接轨的高素质物联网技术人才，为工业化与信息化的融合提供服务，已成为“两化”融合过程中的重要任务。

受益于国家政策的大力支持和企业不断优化布局，我国物联网市场已步入高速增长阶段，对满足产业发展的人才需求呈现爆炸式增长态势，尤其是对优质人才的需求不断扩大。2019 年，我国人力资源和社会保障部、市场监督管理总局、统计局正式发布物联网安装调试员和物联网工程技术人员这两个新职业，证明物联网产业对人才的巨大需求。同年 6 月，人力资源和社会保障部再次发文详细分析物联网安装调试员的就业现状及前景，预测未来五年，物联网安装调试员人才需求量将近 500 万人[85]。根据《新职业——物联网工程技术人员就业景气现状分析报告》[86]及中国信息通信研究院的物联网行业人才需求测算，以中移物联网、京东微联、新大陆、中国电科、信达物联、航天信息、华为 LiteOS、大唐电信等国内物联网行业企业的数据为依据，预计未来几年物联网行业人才需求缺口总量将超过 1 600 万人。其中，智能交通领域人才缺口约 40 万人，现代物流与智能仓储技术及管理人才缺口超 40 万人，智能电网与新能源产业人才缺口将达到 100 万人，智能医疗领域专业技术人才缺口将超过 100 万人，智能工业专业人才缺口约 50 万人，智慧农业各类专业人才缺口超过 1 000 万人，智能家居、智慧园区等专业人才缺口超过 100 万人。

根据产业需求划分，物联网产业所需人才可分为研究型人才、应用型人才和技能型人才三类。研究型人才主要由研究型高校培养，具备较完整的知识结构和较强的创新意识，是各大企业争夺的尖端人才；应用型人才主要从事系统设计、产品开发、项目实施等工作，人才需求量巨大；技能型人才主要服务于物联网服务型企业或物联网系统使用方，需具备较强的综合能力，对技术应用、沟通交流和管理能力要求较高。

2.3.2　行业企业人才需求情况

1. 学历要求

在学历构成方面，物联网企业的招聘需求主要聚焦于本科学历，其次是研究生和高职高专。从事技术研究的人才主要集中在行业领军企业，市场整体招聘需求相对较小，以博士、硕士研究生学历为主，本科学历相对较少。从事物联网系统研发、规划、设计、实施部署的人群主要来自本科院校物联网及相关专业毕业的学生。随着物联网技术的迅速推广，许多企业开始招收更多职业院校学生，使其投身物联网系统实施、运维等工作。

对物联网企业各类岗位学历结构及人员需求进行统计分析，结果如表 2-3 所示，生产制造类、设计施工类主要需要本科与高职高专人员，对本科学历的需求高于高职高专学历约6%;运营与维护类本科学历需求约比高职高专学历需求高5%;在系统/架构开发类和技术/产品开发类从业人员中,本科学历比例分别约为高职高专学历的4.5倍和2.5倍。目前,在重庆市物联网各岗位总体学历需求中,硕士研究生占比接近15%,随着研发从业人员的增加,对硕士及博士研究生学历的需求将进一步提升。

表2-3 各类岗位对应学历要求

单位:%

岗位类别	硕士研究生及以上	本科	高职高专	中职	其他
管理类	21.07	56.45	20.56	0.00	1.92
系统/架构开发类	53.99	36.56	8.15	0.00	1.30
技术/产品开发类	17.62	58.24	22.47	1.67	0.00
生产制造类	6.90	38.32	32.59	11.13	11.06
设计施工类	3.95	46.68	39.16	4.53	5.68
运营与维护类	3.51	44.51	39.46	4.98	7.54
售前售后支持类	2.89	33.57	54.88	5.66	3.00
其他	4.27	29.92	45.74	5.55	14.52
合计占比	14.28	43.03	32.88	4.19	5.62

2. 岗位经验要求

物联网技术是一种多学科交叉技术,涉及计算机、通信、电子、自动化等多方面的知识,因此该行业领域的从业人员普遍要求有较高的实践及应用能力。总体而言,物联网企业更倾向于招聘经验丰富的人员。管理人员通常需要3年以上的工作经验,而研发和开发类岗位则需要1~5年的工作经验。相对而言,生产制造、安装施工、运维和销售等技能型岗位更愿意招聘应届毕业生。

各类岗位对工作年限要求如表2-4所示。系统/架构开发类工程师、硬件开发类工程师、软件开发类工程师专业领域的从业年限为3~5年的人员超过42%,从业年限为1~3年的人员占比分别为16.83%、27.72%、35.64%,从业年限为5~10年的人员占比分别为29.70%、20.79%、10.89%。这表明,区域内物联网产业已形成一支人员稳定、经验丰富的研发力量,技术队伍很好地支撑了产业发展,为产业的后续发展奠定了基础。测试工程师、生产制造类、设计施工类则需要具有1~3年和3~5年工作经验的人员,二者占比相当,占专业人员总数的30%~50%,具有1~3年工作经验的从业人员超过了3~5年的比例,物联网产业从业人员具有显著的年轻化特点。未来很多小型物联网企业随着规模的发展,对刚毕业的大学生将形成新的需求。

表 2-4　各类岗位对应工作年限要求

单位：%

岗位类别	不限制	1~3 年	3~5 年	5~10 年	10 年以上
管理人员	5.68	11.34	32.62	34.05	16.31
系统/架构开发类工程师	5.94	16.83	43.56	29.70	3.97
硬件开发类工程师	8.91	27.72	42.58	20.79	0.00
软件开发类工程师	2.97	35.64	50.50	10.89	0.00
测试工程师	4.96	49.50	38.61	5.94	0.99
数据工程师	11.88	25.75	47.52	14.85	0.00
网络工程师	10.89	37.62	44.55	6.94	0.00
生产制造类	21.78	38.61	36.64	2.97	0.00
设计施工类	14.85	45.54	34.65	4.96	0.00
运营与维护类	7.92	47.52	38.61	5.95	0.00
售前售后支持类	15.84	38.61	38.61	5.95	0.99
其他类别	27.72	36.63	29.70	5.95	0.00
合计占比	11.60	34.28	39.85	12.41	1.86

3. 人才数量规划与预测

在确定物联网行业的人才需求数量时，应考虑产业预期发展规模、人均劳动生产率等变量的影响，通过对数据可获取性和数据特征的权衡分析，预测未来物联网行业的劳动生产率。为此，我们结合物联网行业的现状和未来发展规模，参考咨询机构发布的数据，以及对国内具有代表性的物联网技术及应用型企业的调研信息，通过选择合适的数学模型、定性分析和定量分析相结合的预测方法，对物联网行业人才需求数量及结构进行预测性判定。在对比分析统计数据的基础上，注意到物联网行业企业年度主营业务收入与年度总产值数量之间的差距较小。考虑到统计口径的变化，我们采用人均主营业务收入指标来刻画物联网行业的劳动生产率。

通过对本区域物联网产业发展基础、历史数据、相关规划以及未来发展目标的综合分析，运用移动平滑法和插值法选择合适的预测模型，测算 2024—2026 年重庆市物联网产业核心产值规模（亿元），如图 2-11 所示。图中以曲线图形式展示了重庆市物联网产业的预测模型和核心产值规模的变化曲线，其中系数 R^2 代表预测模型的拟合优度，该值越接近 1 说明预测曲线对观测值的拟合程度越好。

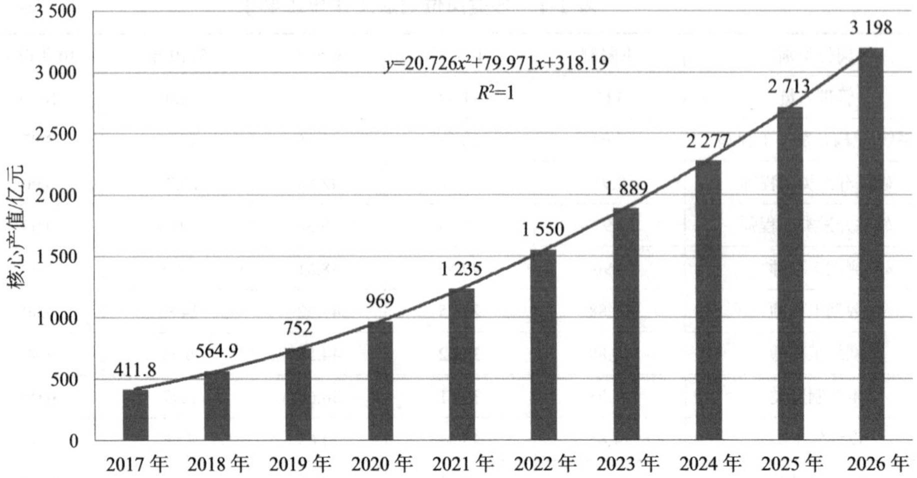

图 2-11　物联网核心产值规模统计及预测

依据薪酬网发布的《2020 年物联网行业薪酬调查报告》[87]，2019 年物联网行业人均产出 191 万元，考虑物价及薪酬增幅，设定 2024 年人均产出为 254 万元。基于这一标准，2024 年物联网核心产值增幅为 388 亿元，所需人才增量约为 1.552 万人。物联网企业学历层次需求和工作经验需求预测见表 2-5 和表 2-6。

表 2-5　物联网企业人才学历层次需求预测　　单位：万人

年份/年	总增量需求	硕士研究生及以上	本科	高职高专	中职	其他
		14.28%	43.03%	32.88%	4.19%	5.62%
2018	0.612 4	0.087 4	0.263 5	0.201 3	0.025 7	0.034 5
2019	0.748 4	0.106 8	0.322 0	0.246 0	0.031 4	0.042 1
2020	0.868 0	0.123 9	0.373 5	0.285 4	0.036 4	0.048 8
2021	1.064 0	0.151 9	0.457 9	0.349 8	0.044 6	0.059 9
2022	1.260 0	0.179 9	0.542 2	0.414 2	0.052 8	0.070 9
2023	1.356 0	0.193 6	0.583 5	0.445 8	0.056 8	0.076 3
2024	1.552 0	0.221 5	0.667 8	0.510 2	0.065 0	0.087 3
2025	1.744 0	0.249 0	0.750 5	0.573 4	0.073 1	0.098 1
2026	1.940 0	0.276 9	0.834 8	0.637 8	0.081 3	0.109 2

表 2-6　物联网企业人才工作经验需求预测　　单位：万人

年份/年	总增量需求	不限制	1~3 年	3~5 年	5~10 年	10 年以上
		11.60%	34.28%	39.85%	12.41%	1.86%
2018	0.612 4	0.071 1	0.209 9	0.244 0	0.076 0	0.011 4
2019	0.748 4	0.086 9	0.256 5	0.298 2	0.092 9	0.013 9
2020	0.868 0	0.100 8	0.297 5	0.345 9	0.107 7	0.016 1
2021	1.064 0	0.123 5	0.364 7	0.424 0	0.132 1	0.019 7
2022	1.260 0	0.146 3	0.431 9	0.502 1	0.156 4	0.023 4
2023	1.356 0	0.157 5	0.464 8	0.540 3	0.168 3	0.025 2
2024	1.552 0	0.180 2	0.532 0	0.618 4	0.192 6	0.028 8
2025	1.744 0	0.202 5	0.597 8	0.694 9	0.216 5	0.032 4
2026	1.940 0	0.225 3	0.665 0	0.773 0	0.240 8	0.036 0

2.3.3　主要岗位关键能力要求

1. 系统/架构开发类工程师岗位

如图 2-12 所示，根据调研数据，系统/架构开发类工程师岗位的关键能力要求 Top10 依次为：熟悉 Wi-Fi、ZigBee、NB-IoT、LoRa 等无线通信技术；熟悉计算机网络架构、TCP/IP 协议，对通信和信息系统有一定理解；对 M2M 业务有较深了解，对传感器和 RFID 应用十分熟悉；熟悉物联网行业应用；熟悉物联网架构模式、技术技巧，能够准确无误地理解相关网络架构；具有物联网项目开发经验；熟悉分布式系统设计和分布式存储架构，具有实际应用开发经验；对数据结构、算法有较深入的理解；熟悉软件架构模式、概念技巧，能够准确无误地理解相关软件架构；熟悉 Linux/Windows 操作系统内核，并熟悉分布式系统设计和应用。总体而言，系统/架构开发类工程师应具备深厚的嵌入式系统经验，熟练处理传感器与执行器集成，了解大数据处理与分析技术，具备团队协作和项目管理能力，以满足物联网系统的复杂需求。

2. 硬件开发类工程师岗位

如图 2-13 所示，根据调研数据，硬件开发类工程师岗位的关键能力要求 Top8 依次为：熟练掌握硬件原理图电路设计、PCB 设计等应用工具；熟悉单片机、ARM、DSP 等嵌入式硬件系统设计；熟练掌握 MCU 编程软件；熟悉数字、模拟电路设计与调试；有电子电路、仪器仪表、自动化、射频识别及其他传感器相关知识；熟练掌握 C/C++语言；熟悉 Android 系统；具有硬件系统开发经验。总体而言，硬件开发类工程师须具备丰富的电子电路设计知识，熟练使用 EDA 工具，擅长选择和集成传感器、通信模块，具备嵌入式系统开发经验，熟悉各种微控制器和嵌入式处理器，能进行功耗优化和性能调优，了解射频(RF)设计，具备原型制作和测试技能，以及解决电磁兼容性和可靠性问题的能力。

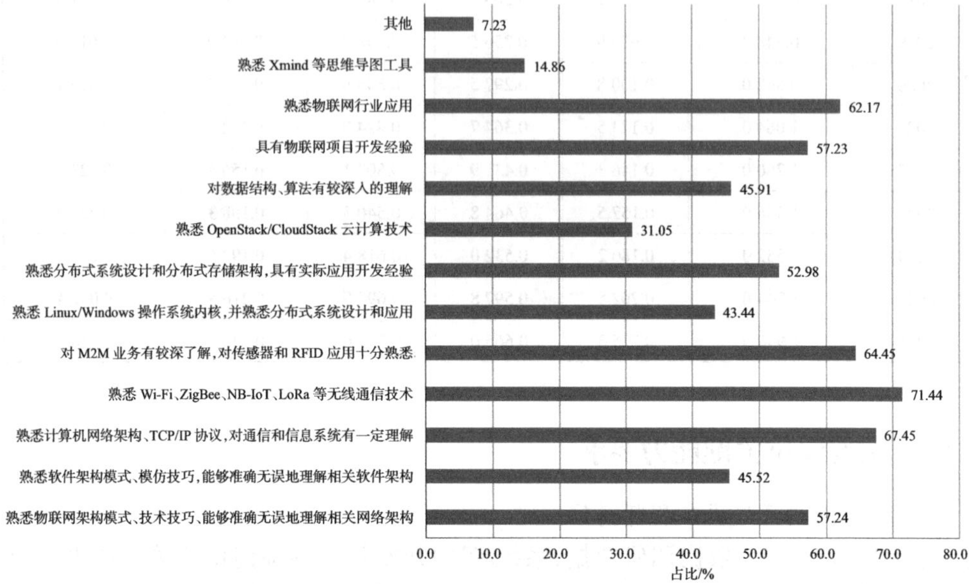

图 2-12　系统/架构开发类工程师岗位能力要求

3. 软件开发类工程师岗位

如图 2-14 所示，根据调研数据，软件开发类工程师岗位的关键能力要求 Top15 依次为：熟悉 MQTT/CoAP 协议；熟悉 WebService 框架；熟练掌握 Java 编程语言；熟悉 MySQL 数据库；熟练掌握 C++编程语言；具有嵌入式系统开发经验；熟练掌握 C 编程语言；熟练掌握 Python 编程语言；熟悉 TCP/IP 协议；熟悉 HTTP 协议；熟悉 Spring 框架；熟练掌握 C#编程语言；熟悉 SQLserver 数据库；熟悉 Hibernate 框架；熟悉 Servlet 框架。总体而言，软件开发类工程师应了解物联网生态系统，了解通信协议和网络技术，精通嵌入式系统开发，具备熟练的编程技能，熟悉云计算和大数据处理，能设计安全的数据传输和存储方案，掌握扎实的操作系统和数据库知识，熟练运用开发工具和集成开发环境，具备良好的团队协作和问题解决能力，对用户体验和界面设计有基本认识。

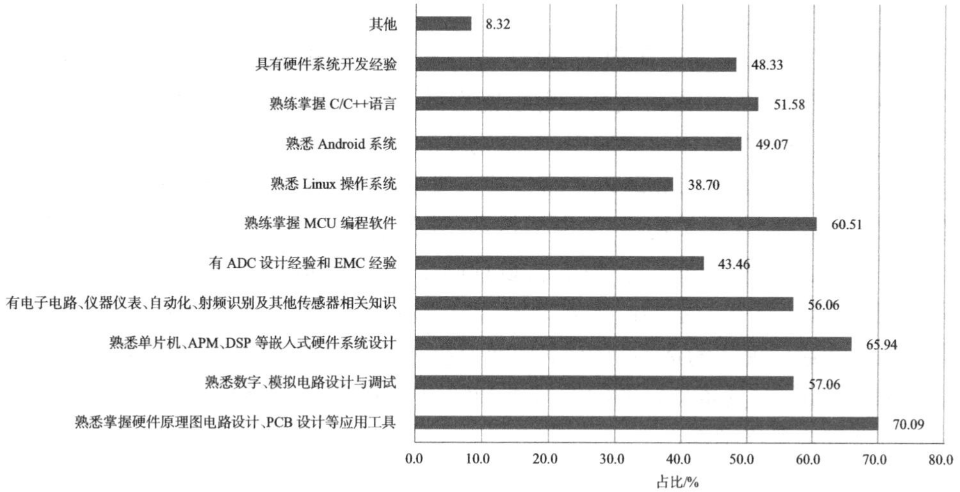

图 2-13　硬件开发类工程师岗位能力要求

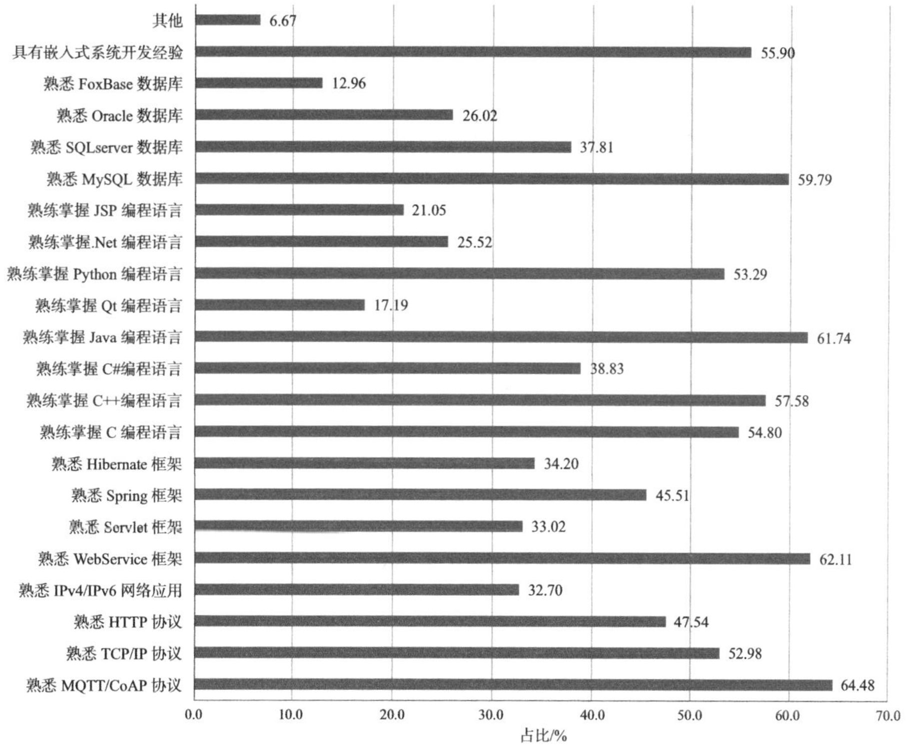

图 2-14　软件开发类工程师岗位能力要求

4. 设计施工类工程师岗位

如图 2-15 所示,根据调研数据,设计施工类工程师岗位的关键能力要求 Top15 依次为:熟悉物联网常用设备安装、调试;能看懂工程图纸;掌握弱电施工技术;掌握综合布线技术;熟悉物联网行业应用;熟悉物联网技术基础;掌握电工技术;熟悉常用传感器接口电气参数;具有物联网平台搭建与维护经验;熟悉常用通信模块主要参数及选型;熟悉物联网体系架构;熟悉电子技术;具有嵌入式系统开发经验;熟悉工程文档的撰写;能绘制工程图纸。总体而言,设计施工类工程师需要了解电工、电子、网络工程等相关领域,具备一定的嵌入式系统开发、物联网平台搭建与维护等方面经验,熟悉传感器和通信模块的选型与应用,熟练掌握硬件设计和电路调试技能,能进行设备安装和系统调试,具备良好的问题排查和解决能力,注重团队协作,能对工程质量和项目进度进行严格把控。

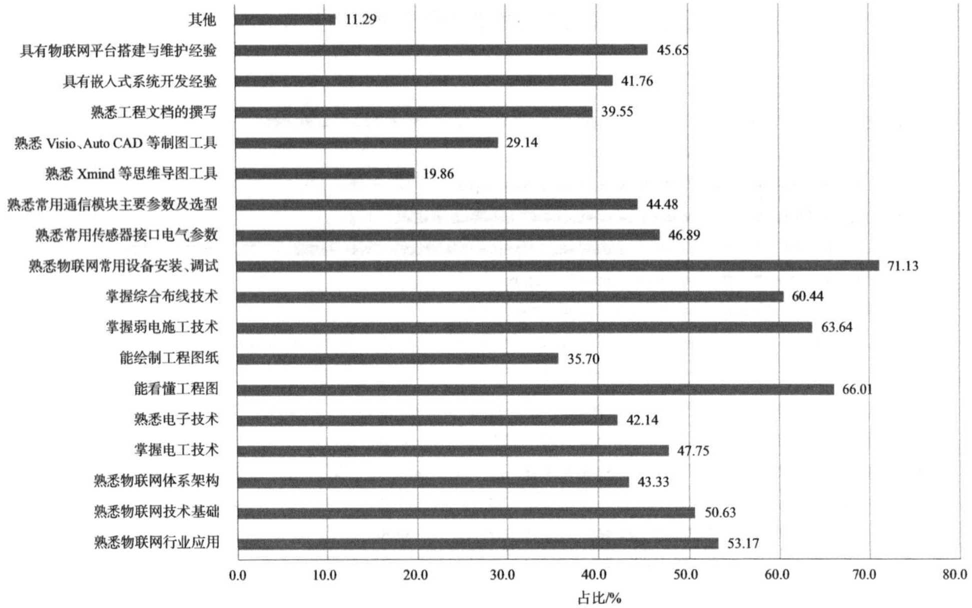

图 2-15　设计施工类工程师岗位能力要求

5. 运营与维护类工程师岗位

如图 2-16 所示,根据调研数据,运行维护类工程师岗位的关键能力要求 Top12 依次为:熟悉物联网系统架构;了解系统常见故障分析和修复技术;了解物联网安全和数据隐私保护技术;熟悉 MySQL 数据库的部署配置和优化(读写分析、负载均衡、分布式数据库);了解基本的网络知识;了解传感器、通信模块等技术;熟悉常见应用服务(Nginx、Tomcat、HAProxy、Redis、RabbitMQ 等)的配置维护及优化(如 Nginx 代理,负载均衡);了解常见云计算、云服务等技术;熟练使用 Shell 脚本,熟悉 PHP、Perl、Python、Ruby 中的至少一种开发语言;熟悉常见的 Linux 系统(以 CentOS/Redhat 为主)及其故障处理;熟悉任意一种常见监控系统的使用方法;熟悉常用服务如 DNS、FTP、HTTP、Mail 等。总体而言,运行维护类工程师应具备丰富的网络知识,熟悉传感器、通信模块、云计算等技术,能熟练操作物联网平台并进行设备监控和故障排除,具备较强的系统故障分析和修复能力,了解物联网安全和数据隐私保护并能进行安全漏洞分析和防范措施,具备良好的沟通能力且能快速响应用户问题。

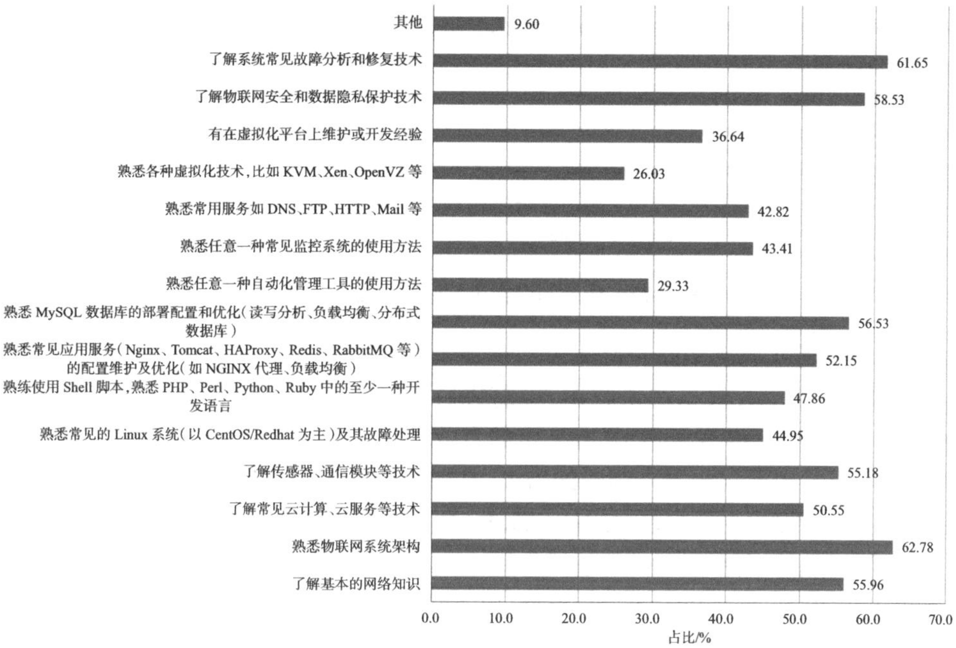

图 2-16　运行维护类工程师岗位能力要求

6. 生产制造类工程师岗位

如图 2-17 所示,根据调研数据,生产制造类工程师岗位的关键能力要求 Top10 依次为:具备电子产品生产知识与技能;具备较强的计划执行能力;具备过程监控与故障排除能力;具备认真的工作态度及敬业精神;具备 QoS 质量管理与控制能力;熟悉常用电气仪表;具备一定的改进意识与创新精神;了解物联网数据采集与监控技术;了解生产动态和生产管理知识;具备较强的沟通协调能力。总体而言,生产制造类工程师应具备较强的生产工艺技能,熟悉物联网设备的组装和调试,掌握先进的自动化生产技术,具备质量控制和故障排除的能力,了解物联网设备的数据采集和监控,关注生产安全并遵循生产规程,具备团队协作和沟通能力,注重学习新兴技术,追求不断改进和创新。

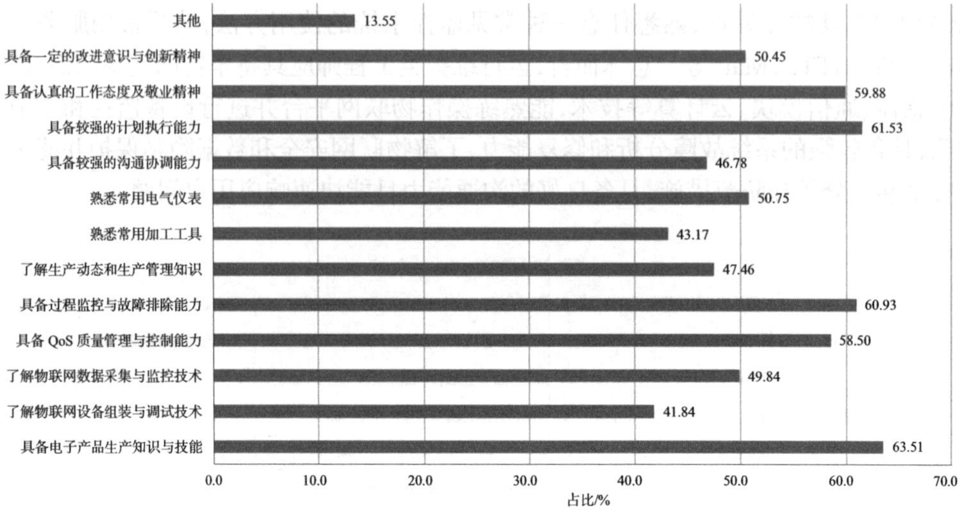

图 2-17　生产制造类工程师岗位能力要求

7. 售前售后支持类工程师岗位

如图 2-18 所示，根据调研数据，售前售后支持类工程师岗位的关键能力要求 Top13 依次为：善于语言表达；具有一定的专业知识和技术背景；具有较强的观察应变能力；善于发现现实与潜在客户的需求；掌握市场营销基本知识；了解典型物联网产品或系统解决方案；具有较强的社交能力；具有较强的逻辑思维能力并能快速理解用户需求；能熟练运用 Xmind 等思维导图工具软件；掌握市场调查与预测的基本方法；能熟练运用 Excel、PPT 等办公软件；具有较强的职业和道德素质；具有一定的产品故障诊断与排除能力。总体而言，售前售后支持类工程师应具备较为丰富的技术知识，对物联网产品和系统有全面的了解，能够理解客户需求并提供专业的解决方案，为客户提供培训和技术指导。售前阶段，须具备良好的沟通和演示技能，为客户提供技术咨询与支持。售后阶段，需要熟练运用故障排除技能，及时响应和解决客户问题。同时还要积极主动，善于团队协作，以确保客户满意度和产品稳定运行。

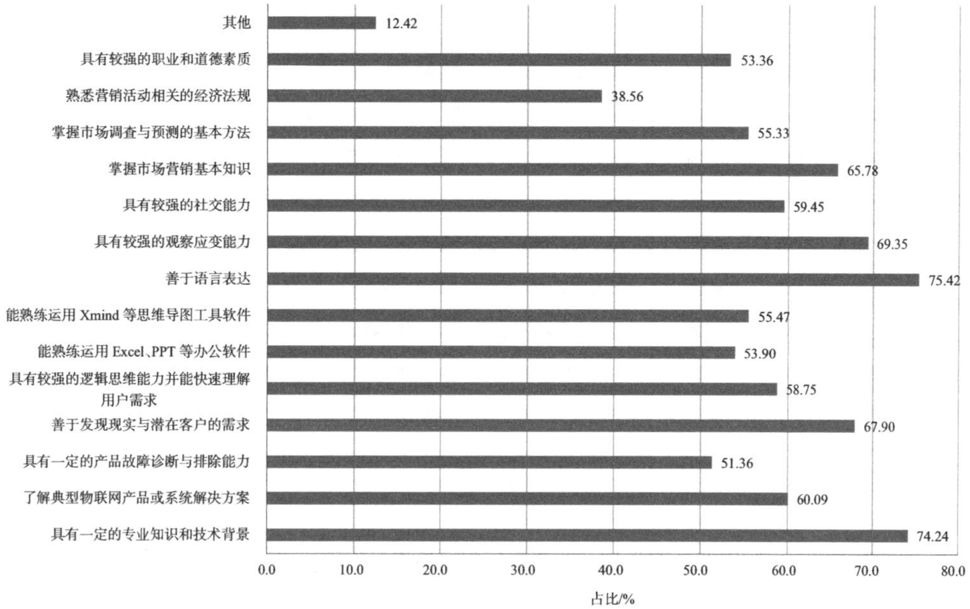

图 2-18　售前售后支持类工程师岗位能力要求

2.3.4　职业素质和通用素养要求

物联网领域从业人员应具备多维度的职业素质和通用素养。如图 2-19 所示，根据调查数据，行业企业最为看重的职业素质和通用素养主要包括发现问题、分析问题、解决问题的能力，沟通协作和团队协调能力，学习新技术及获取、处理、使用信息的能力，这三方面占比均超过 85%。企业也关注员工是否具备持续学习和深化发展的意愿（73.23%）、较强的责任心和敬业精神（72.15%）以及良好的新一代信息素养（67.86%）。此外，良好的语言、文字表达能力和沟通能力，崇尚劳模精神和工匠精神，创新意识和进取精神等方面也备受企业青睐，占比均超过 60%。这表明企业在招聘中更加注重应聘者的整体素质，相关素养要求涵盖技术、创新、沟通、团队协作等多个方面，期望从业人员能在快速变化的技术环境中保持敏锐的学习能力和创新思维，为其在竞争激烈的物联网行业中脱颖而出提供更全面的支持。

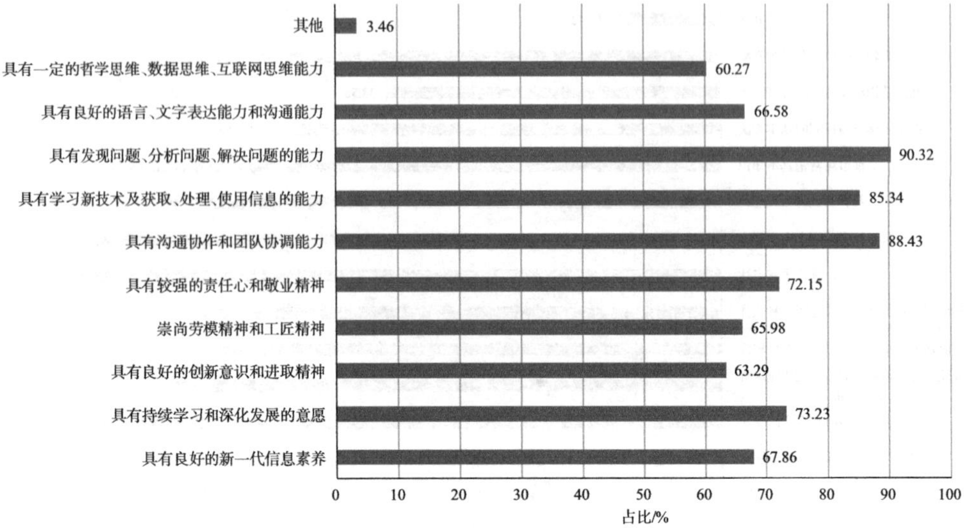

图 2-19　职业素质和通用素养要求

物联网领域从业人员应当具备丰富的专业知识，特别强调对岗位相关法律法规及环境保护、安全消防、文明生产等方面知识的深刻了解。要求从业人员全面掌握传感器、自动识别技术、感知节点等感知设备的原理和应用方法，以及熟练应用物联网单片机、嵌入式技术相关知识。从图 2-20 的对比数据可知，对这三个方面的要求均超过 60%。在技术方面，还要求掌握物联网平台信息安全基础知识，无线网络相关知识，物联网系统设备工作原理和设备选型方法，物联网组网、综合布线及系统集成知识，电工、电子技术基础知识，物联网应用软件开发技术和方法，这几方面的占比均在 50%以上。此外，物联网运营平台应用与基础管理等方面的知识也至关重要。了解相关国家和国际标准，掌握项目管理和感知层数据采集知识对于保障项目实施和数据管理至关重要。掌握这些知识和技能使得从业人员能够应对物联网领域的复杂工作要求。

物联网领域从业人员应当具备强大的应用和实践能力，包括阅读并准确理解需求分析报告和项目建设方案的能力，以确保项目的顺利实施；需要具备新一代信息技术应用能力，以便灵活运用最新的技术；物联网组网系统部署与运维能力也是至关重要的，以保障物联网系统的高效运行。如图 2-21 所示，根据调研数据，受访行业企业对这些方面的能力要求均在 55%以上。物联网从业人员还需要具备物联网平台信息安全应用的基本能力，以及安装、调试和维护物联网系统软硬件操作系统的能力，这两方面的能力要求占比均超过 50%。此外，物联网网络规划、调试和维护能力及相关设备性能测试和检修能力也是必不可少的，以应对各类网络和设备故障。嵌入式开发、工程设计与管理、应用程序设计、硬件设备安装与调试等能力同样是保障从业人员全面胜任物联网领域工作的重要因素。

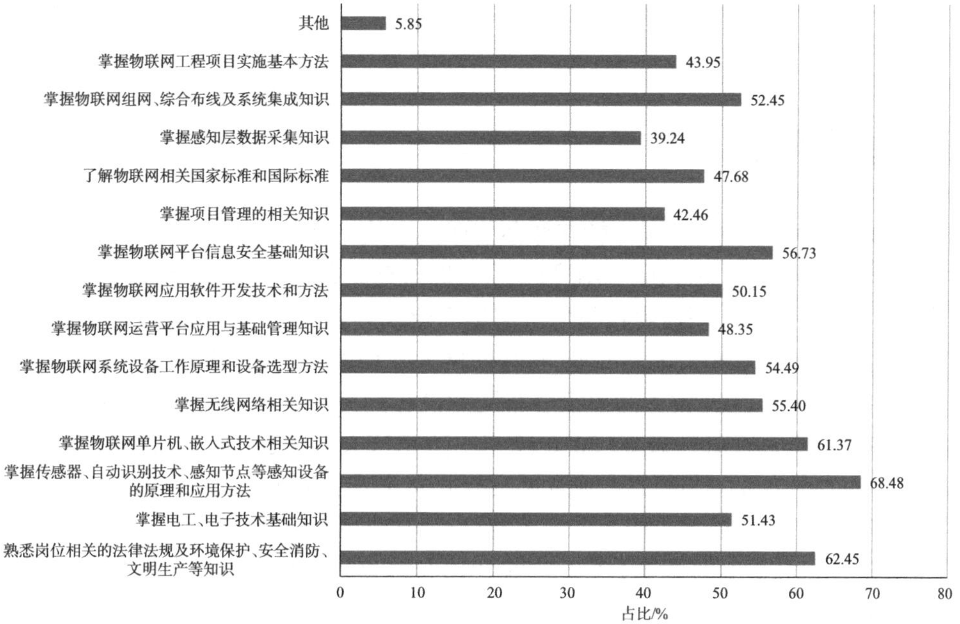

图 2-20 基本专业和知识要求

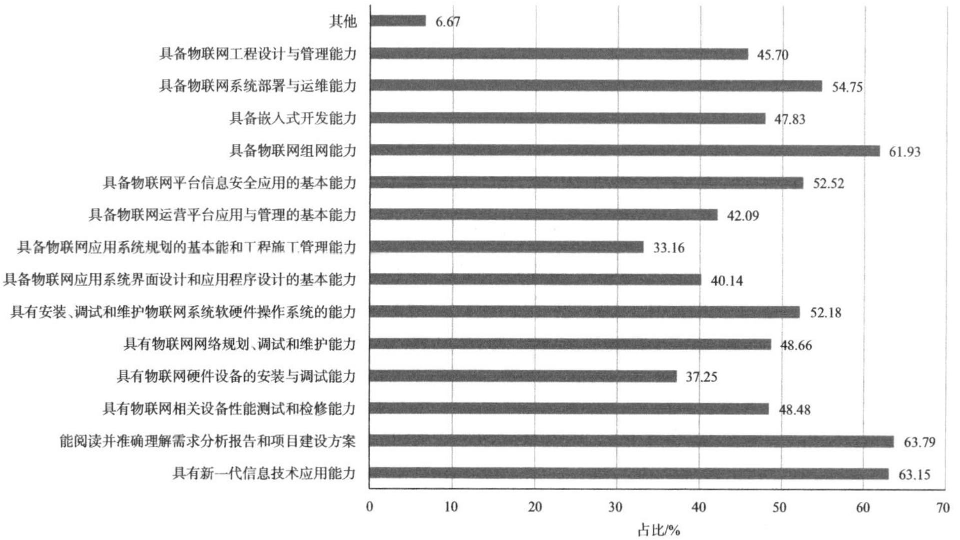

图 2-21 应用和实践能力要求

第 3 章　院校设置与人才供给

3.1　基本情况

2010 年 3 月，教育部发布《教育部办公厅关于战略性新兴产业相关专业申报和审批工作的通知》（教高厅函〔2010〕13 号），提出有关高校可根据本校的师资队伍、实验条件等实际情况，积极申报与信息网络产业（传感网、物联网技术）等战略性新兴产业发展人才需求相关的新专业，将物联网人才培养提升到国家人才培养的战略性规划。同年 7 月，在《教育部关于公布同意设置的高等学校战略性新兴产业相关本科新专业名单的通知》（教高〔2010〕7 号）中，重庆大学等 30 所高校首批获准开设物联网工程本科专业。与新兴产业发展及行业人才需求相呼应，在国家政策引导下，各类高等教育机构积极响应产业需求，纷纷开设与物联网相关的专业。

2011 年 3 月，教育部发布《关于公布 2010 年度高等学校专业设置备案或审批结果的通知》，重庆邮电大学等 25 所高校获准开设物联网工程本科专业（教高〔2011〕4 号）。2012 年 2 月，在《教育部关于公布 2011 年度高等学校本科专业设置备案或审批结果的通知》（教高〔2012〕2 号）中，重庆三峡学院、重庆理工大学、重庆科技学院 3 所公办高校以及重庆对外经贸学院（原重庆师范大学涉外商贸学院）和重庆城市科技学院（原重庆大学城市科技学院）2 所民办高校在内的 80 所高校获准开设物联网工程本科专业。2012 年 9 月，教育部印发《普通高等学校本科专业目录（2012 年）》（教高〔2012〕9 号），原物联网工程专业（080640S）和传感网技术专业（080641S）合并为物联网工程专业，专业代码变更为 080905，属计算机类专业。

高等职业教育领域，与物联网直接相关的专业主要有物联网应用技术（2011 年专业代码为 590129，2016 年变更为 610119，2021 年变更为 510102）、传感网技术（2011 年专业代码为 590359，2016 年起停招）、物联网工程技术[2016 年开办，专业代码为 610307，2021 年更名为智能互联网络技术专业（专业代码变更为 510307）]。2012 年起，重庆电子工程职业学院（现为重庆电子科技职业大学）、重庆城市管理职业学院、重庆航天职业技术学院、重庆正大软件职业技术学院等高职高专院校也开始设置物联网应用技术专业，重庆电子工程职业学院还开设了传感网技术专业。2013 年，重庆市开办物联网应用技术专业的高职高专院校就已经增加到 12 所，随后逐年递增，到 2023 年已增至 28 所。

中等职业教育领域，初期并未开设专门的物联网专业，主要是在电子技术应用、电子信息技术、电子与信息技术、计算机技术应用等相关专业设置物联网人才培养方案。2019 年，中职学校正式设置物联网技术应用专业，针对物联网人才培养的社会培训机构也如雨后春笋般涌现。

截至 2023 年，重庆市开设物联网相关专业或方向的本科院校、高职高专院校、中职/技工学校数量分别为 17 所、28 所、22 所。从统计数据角度来看，重庆市开设物联网相关专业的院校数达到 67 所，占总院校数的 34.36%（重庆市共有 195 所各类院校）。具体来说，近三年来，开设物联网相关专业或方向的本科院校数量相对稳定，而高职高专院校、中职/技工学校数量均有所增加，如图 3-1 所示。这表明，重庆市设置物联网相关专业或方向的院校数量整体趋于平稳。

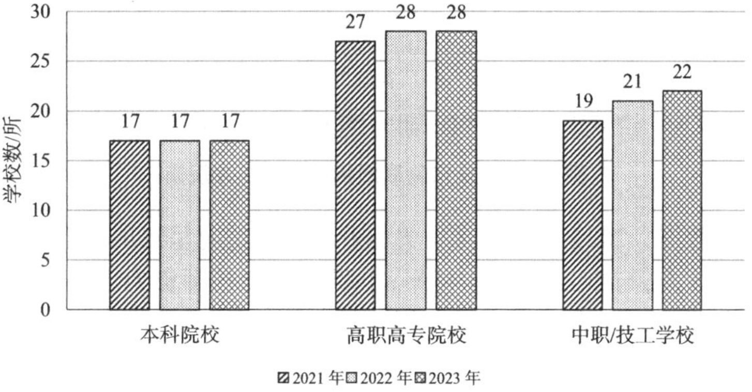

图 3-1　重庆市开设物联网相关专业或方向的院校情况

本次调研采用全样本分析，数据涵盖重庆市的 17 所本科院校、28 所高职高专院校、22 所中职/技工学校，采用调查问卷、现场访谈、文献研究、报告挖掘等方式来获取具体数据。根据数据分析，重庆市物联网相关专业在人才培养方面的规模如图 3-2 所示。数据显示，本科教育阶段的物联网相关专业，2023 年在校生规模为 7 460 人，与 2022 年基本持平；毕业生数量为 1 346 人，相较 2022 年减少约 5.34%，规模小幅缩减；计划招生规模为 1 586 人，较 2022 年有显著下降，主要原因是民办本科院校的招生计划大幅减少。此外，由于部分院校于 2021 年开始实施大类招生，因此相关数据无法准确统计。高职高专教育阶段的物联网相关专业，2023 年在校生规模为 8 975 人，较 2022 年略有增加；毕业生数量为 2 145 人，比 2022 年增加约 18.90%；计划招生规模为 3 450 人，相较 2022 年略有减少，招生计划下降约 8.00%。中职/技工教育阶段的物联网相关专业，2023 年在校生规模为 3 336 人，约为 2022 年的 1.20 倍，呈现较大幅度的增长；毕业生数量为 687 人，是 2022 年的 1.15 倍左右；计划招生规模为 1

130 人,与 2022 年的招生规模基本持平。

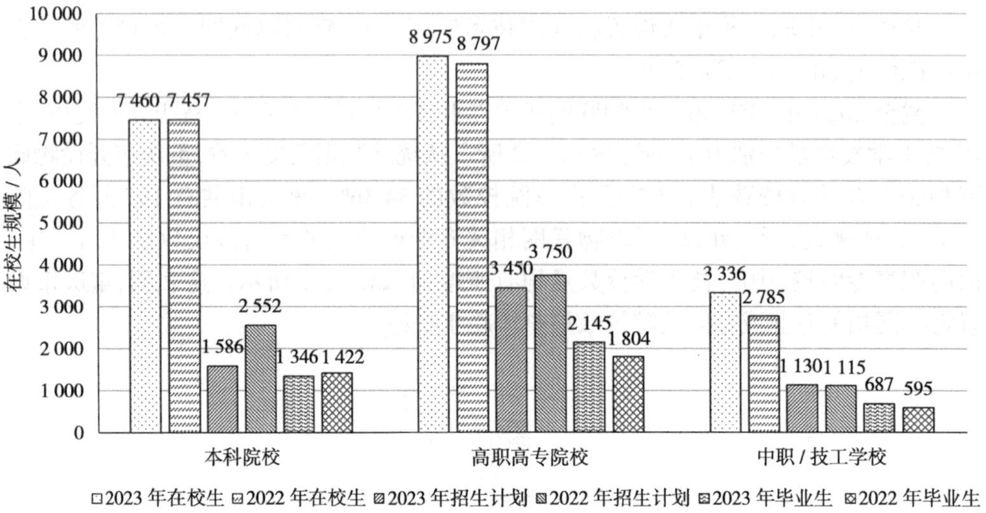

图 3-2　重庆市物联网相关专业人才规模

根据调研数据，2023 年物联网相关专业的师资情况呈现出以下特点:本科院校师资规模为 305 人,与 2022 年基本持平;中职/技工学校师资为 312 人,略有增加;高职高专院校师资为 414 人,在 2021 年的基础上增加了约 1.35 倍。2023 年物联网相关专业在校生总数为 19 771 人,同比增加 3.8%;2023 年计划招生人数为 6 166 人,同比减少 16.9%;物联网相关专业的教师总数为 1 031 人,同比增长 12.7%。总体来看,2023 年物联网人才规模基本稳定,但师资力量明显增强,这标志着物联网相关专业从规模扩展向内涵建设的转变。

在物联网相关专业的院校地理位置分布上,本科院校主要位于重庆市主城区,占 53%;合川区有 4 所,璧山区、永川区、万州区、涪陵区各有 1 所,呈现出明显的地域集中趋势(见图 3-3)。高职高专院校分布相对集中于重庆市主城区,占 32%;永川区、江津区、万州区和大足区分别有 5 所、4 所、3 所和 3 所,合川区、黔江区、铜梁区、长寿区各有 1 所(见图 3-4)。中职/技工学校也主要分布在主城区,占比高达 82%,其他区县的学校数量较为有限(见图 3-5)。

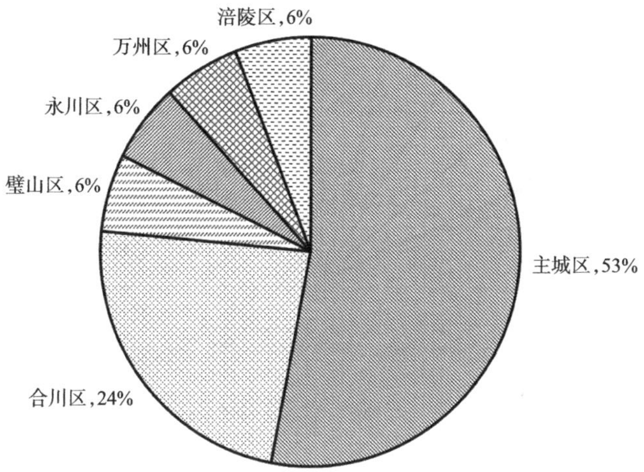

图 3-3　重庆市物联网相关专业本科院校地理位置分布

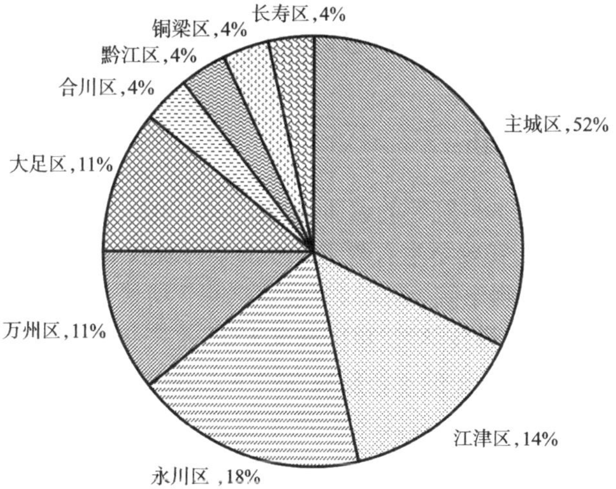

图 3-4　重庆市物联网相关专业高职高专院校地理位置分布

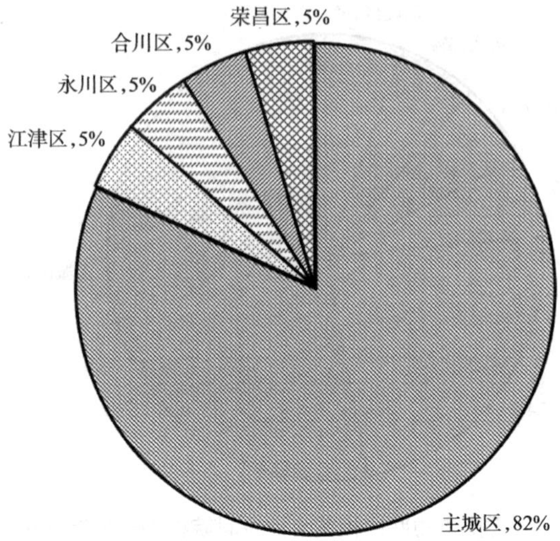

图 3-5 重庆市物联网相关专业中职/技工学校地理位置分布

3.2 本科院校专业建设与人才供给

3.2.1 办学规模趋势分析

根据对重庆市 17 所本科院校的调研数据统计，2023 年物联网工程专业的在校学生总人数为 7 460 人。在校学生人数 Top10 的本科院校如图 3-6 所示，其中重庆机电职业技术大学、重庆工程学院、重庆对外经贸学院 3 所民办本科院校物联网工程专业在校生人数居前。重庆科技学院、重庆邮电大学、重庆移通学院 3 所以应用型人才培养或以电子信息类专业为主的本科院校在校生人数也在 550 人以上。

物联网工程专业在校生人数 Top10 的本科院校 2021—2023 年计划招生人数与实际在校人数情况如图 3-7 所示。调查显示，2023 年，重庆理工大学物联网工程专业实际招录人数比 2022 年多 19 人，但有相当部分院校相较 2022 年招录人数有大幅减少，包括重庆对外经贸学院、重庆城市科技学院、重庆机电职业技术大学、重庆移通学院等几所民办本科院校以及重庆科技学院、长江师范学院、重庆第二师范学院等几所物联网工程专业招生量较大的公办本科院校，由此导致物联网工程专业 2023 年招录人数相较 2022 年减少 776 人。值得注意的是，重庆大学、重庆邮电大学等高校将物联网工程专业列为大类招生范围，伴随新高考制度改革，大类招生将成为未来趋势。总体而言，重庆市物联网工程本科专业的办学规模有明显下降趋势。

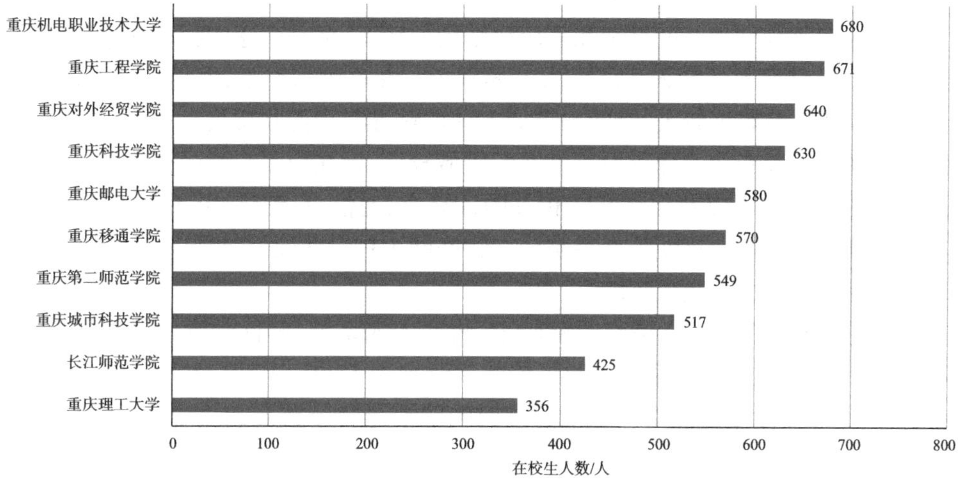

图 3-6　物联网工程专业在校生人数 Top10 的本科院校

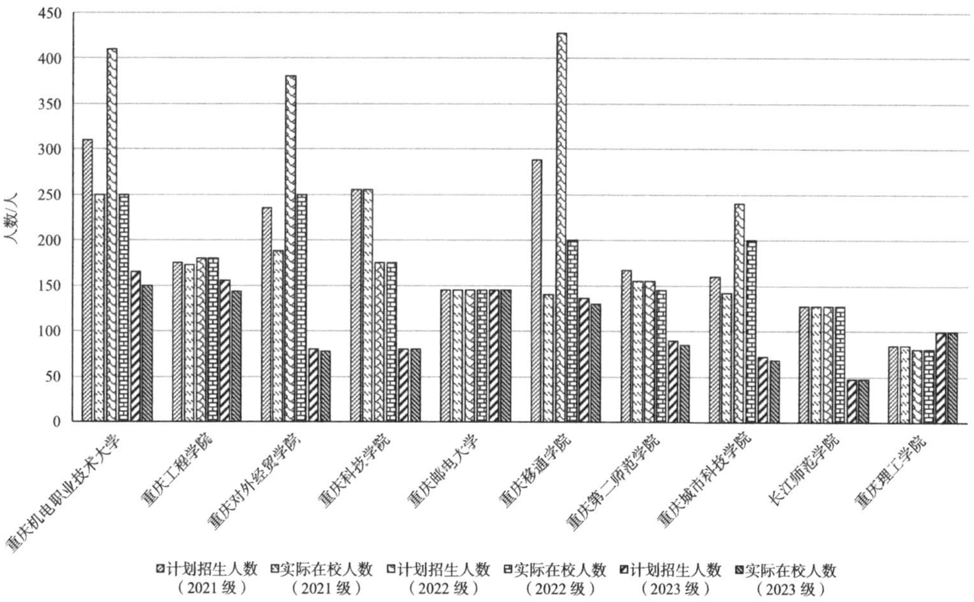

图 3-7　物联网工程专业在校生人数 Top10 的本科院校 2021—2023 年计划招生人数与实际在校人数情况

3.2.2 人才培养方向及课程体系设置

物联网产业链呈现高度复杂和多层次结构的特点，覆盖广泛的技术和应用领域，导致整个行业对技术技能人才的需求差异较大。在这种情况下，本科院校物联网工程专业的人才培养难度较大，专业与产业方向的精准对接面临挑战。通常情况下，本科院校物联网工程专业的课程设置涉及的领域较广，旨在覆盖广泛的知识范围，包括自然科学的基础知识以及与物联网相关的计算机、通信、自动化、电子电气和仪器仪表等基本理论与技能。这使得本科院校在物联网工程专业建设过程中意图设计科学合理的课程体系时面临重大挑战。

在对重庆市 17 所本科院校的调研中，将嵌入式系统、软件开发、系统集成确定为物联网工程专业人才培养方向的院校数量分别为 12 所、12 所、9 所。将传感器、传感网络、RFID 确定为专业人才培养方向的院校数量分别为 11 所、11 所、7 所，各人才培养方向的选择占比如图 3-8 所示。明显可见，嵌入式系统、软件应用开发、传感器、传感网络、系统集成已经成为重庆市物联网工程专业主流的人才培养方向。

围绕这些培养方向，本科院校设置的专业核心课程主要包括计算机网络、计算机组成原理、传感器技术、 RFID 技术、嵌入式系统、物联网工程设计与实施。这些课程着重培养学生的基础知识、专业知识和实际操作能力。从调研数据来看，物联网工程专业主要培养能够胜任物联网相关技术研发及物联网应用系统规划、分析、设计、开发、部署、运行维护等工作的应用型工程技术人才。这些人才能在智慧家居、智慧农业、智慧交通等领域充分发挥专业特长。

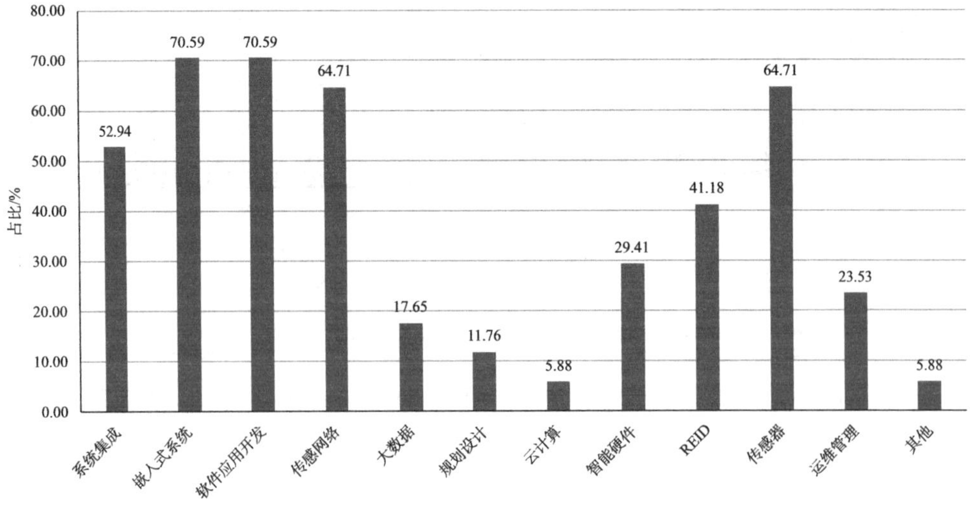

图 3-8 重庆市本科院校物联网工程专业主要人才培养方向

根据调研数据，17 所本科院校中，物联网工程专业的总学分为 158~181.5 学分。重庆工程学院的学分最高，为 181.5 学分，重庆交通大学次之，为 175 学分。物联网工程专业的专业课程平均学分占比为 66.78%，实践性教学学分占总学分的 35.47%。该专业的课程门数为 35~84，公共基础课平均 25 门，专业课平均 27 门，选修课平均 13 门。这一综合性的课程设置旨在为学生提供全面的学科知识和实际操作技能，确保其在物联网领域具备扎实的理论基础和丰富的实践经验。

3.2.3 专业对接产业人才培养着力点

物联网是一个多学科交叉的领域，涉及数学及其他自然科学基础知识，同时包括计算机、通信和传感等方面的基本理论知识和技能方法。其核心价值在于，作为基础技术方法广泛应用于不同行业领域，形成产业转型升级和数字化的特定解决方案。对本科院校而言，物联网工程专业的人才培养需要注重系统思维、专业知识和技术技能的培养，同时明确一个特定行业场景或应用领域作为人才培养的着力点，确保学生在深刻理解物联网系统理论的同时能够实际应用。

各院校根据所处领域产业发展定位、区域经济发展状况和自身传统资源优势，努力在人才培养方向上形成特色。以重庆交通大学为例，该校的物联网工程专业依托交通行业的物联网应用背景，以智慧交通和智慧城市等为重点领域，强调学生实践和创新能力的培养。该专业要求学生系统掌握物联网“智能感知、无线传输、数据服务”的基本理论和技术方法，具备“智慧医疗、智慧家居、智慧交通、智慧驾驶、智慧城市”等典型物联网应用系统分析与设计能力，以及物联网“智能感知及数据服务”的系统集成与工程实践能力。同时，学生还需要具备一定的创新创业意识、团队协作精神和外语应用能力，成为德智体全面发展的高素质应用型人才。

调研数据显示，将智慧家居作为人才培养的主要方向之一的本科院校占比高达 82.35%；将智慧安防和智慧交通作为人才培养方向的本科院校分别占 70.59% 和 64.71%；将智慧社区、智慧生活、智慧医疗、智慧农业等作为人才培养方向的本科院校占比也较高，如图 3-9 所示。这形成了以智慧家居为主导，智慧安防、智慧交通为支流的人才培养格局，全面覆盖智慧生活、智慧社区、智慧医疗、智慧农业、智慧建筑、智慧旅游等多个物联网应用领域。

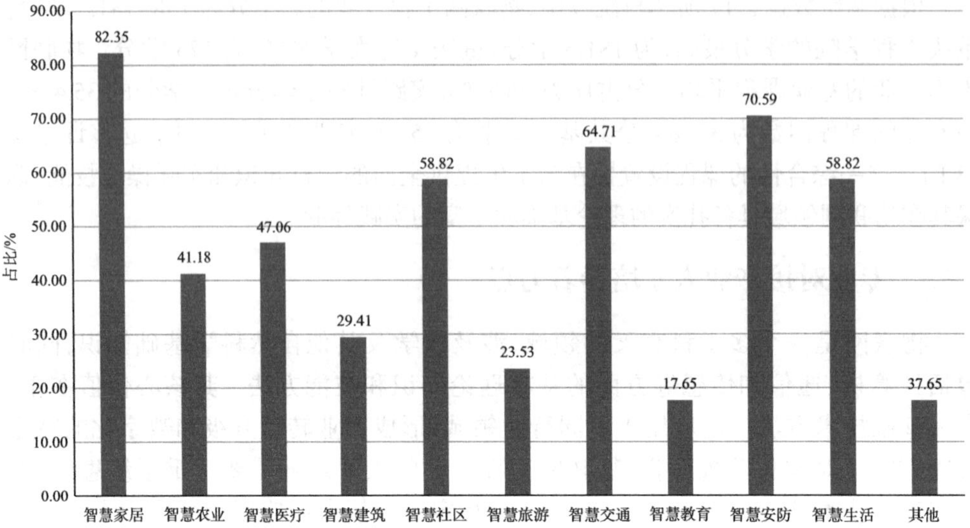

图 3-9　重庆市本科院校物联网工程专业人才培养的主要方向

3.2.4　师资团队主要科研和社会服务方向

科研和社会服务方向在培养卓越人才、提升高校师资水平及加强学科学位建设中发挥着重要作用。首先，通过开展前沿研究，不仅能够推动物联网技术和应用的创新发展，为学科领域注入新的理论和技术成果，还能够培养学生的科研兴趣和提高学生的实践能力。其次，通过取得科研成果，能够提高学校在学术界的声誉，扩大学校在物联网领域的学科影响力。再次，通过与产业界、政府机构等的合作，能够将学科专业知识和技术成果应用于实践，为社会提供技术咨询、解决方案和创新支持，还能够促进物联网技术的产业化应用，推动产学研深度融合，实现物联网工程领域的可持续发展。

依托专业发展和师资队伍建设，本科院校物联网团队主要科研和社会服务方向为软件开发、系统集成、技术咨询、硬件开发、规划设计以及运营管理，如图 3-10 所示。软件开发方向在本科院校物联网团队主要科研和社会服务方向中占比达 88.24%，系统集成应用占 76.47%，技术咨询占 70.59%，硬件开发占 52.94%。在本科院校中，软件开发、系统集成、技术咨询和硬件开发成为物联网科研团队主要关注的领域，这与本科院校物联网工程专业人才培养方向高度契合，同时也表明各院校的物联网团队聚焦于为社会提供软件开发、硬件开发、系统集成和技术咨询等方面的科研支持和服务。

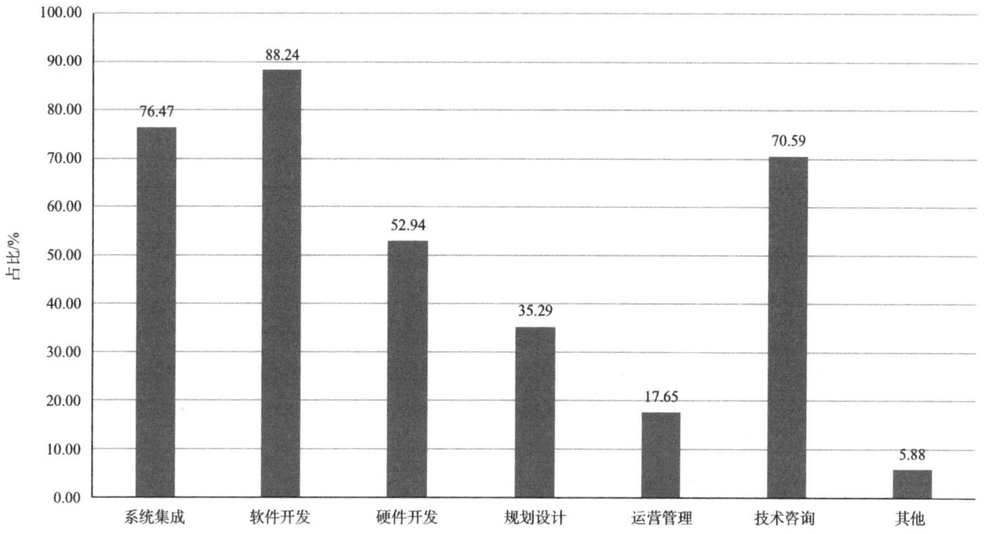

图 3-10　重庆市本科院校物联网团队主要科研和社会服务方向

3.2.5　本科院校组织参与学科竞赛赛事情况

学科竞赛是展示和推广新理念、新技术的重要渠道，不仅能够激发参与者的学科兴趣和热情，提升参与者的实际操作能力，还有助于促进学科领域的交流合作，推动学科融合发展。本科院校积极参与学科竞赛，为学生提供展示和拓展专业实力的机会。在学科竞赛中，学生可以通过解决实际问题和完成创新性项目，展现其在物联网方面的综合素养。参赛项目通常包括物联网系统设计、传感器网络应用、智能设备开发等，涵盖该专业的核心知识和技能。

如图 3-11 所示，重庆市本科院校物联网工程专业广泛组织学生参与国际、全国和省级学科竞赛，中国“互联网+”大学生创新创业大赛和“挑战杯”全国大学生课外学术科技作品竞赛是最受关注的两大赛事，院校参与率分别为 82.35%和 76.47%。其他赛事，如全国大学生物联网创新应用设计大赛、全国大学生物联网设计竞赛（TI 杯）、全国大学生电子设计竞赛、中国大学生计算机设计大赛也备受关注，参与率均超过 50%。这表明，各本科院校物联网工程专业都已充分认识到，参加比赛，有助于学生将在课堂上学到的理论知识应用于实际项目，加强对物联网工程领域的深刻理解。物联网工程专业在培养学生综合实际操作技能、团队协作和解决实际问题的能力方面发挥着重要作用，为学生未来从事物联网行业的相关工作提供了有力的支持。

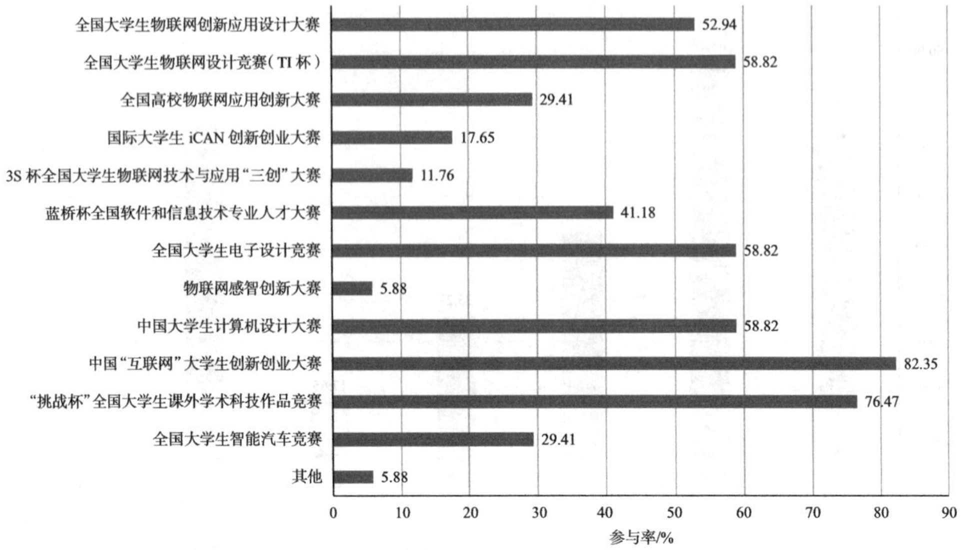

图 3-11　重庆市本科院校物联网工程专业学生参加学科竞赛情况

3.2.6　就业与考研是本科毕业生的主要去向

近年来，物联网相关专业本科毕业生在职业规划和学术追求上呈现出多元化趋势。就业方面，随着物联网技术在各行业的广泛应用，毕业生可选择进入智能制造、智慧城市、乡村振兴、物联网设备研发、大数据分析规划等领域，加入科技公司、通信企业、互联网企业，从事物联网系统设计、技术开发、方案解决以及运行维护等工作。考虑到物联网领域的深度和广度，部分毕业生选择深造，攻读硕士、博士学位，专攻物联网技术、网络安全、人工智能等领域。部分毕业生选择创业，积极参与物联网创新项目，推动产业发展。

2023 年重庆市部分本科院校物联网工程专业毕业生就业、考研情况如图 3-12 所示。全年毕业生总数为 1 322 人，平均就业率达 76.78%，平均专业对口率为 80.47%。在本科院校中，考研升学率平均为 13.25%，重庆大学为 44.7%、重庆邮电大学为 28.3%、重庆交通大学为 26.4%。总体而言，物联网工程专业本科毕业生在就业和考研选择上，既有着眼于热门就业领域的趋势，又有追求深入学术研究的动力。这充分展现了物联网领域的发展潜力和吸引力，为毕业生提供了广泛的职业和学术发展空间。

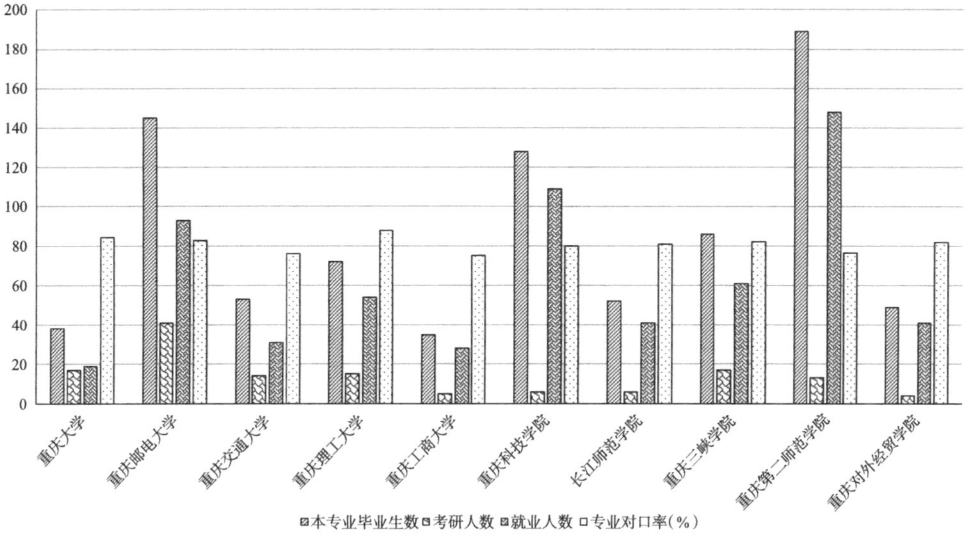

图 3-12　重庆市部分本科院校物联网工程专业毕业生就业、考研情况

3.2.7　相关专业发展的主要制约因素分析

物联网相关专业的健康发展受多方面因素的制约。首先，相关制度政策对专业发展产生深远影响，包括教育体制、人才培养政策、产学研合作机制等，需不断优化以适应行业发展的需求。其次，师资队伍水平直接关系专业培养质量，需要具有前沿科研水平和丰富实践经验的教师，而招聘和培养这类教师仍然是一个挑战。最后，生源质量也是制约因素之一，招收对物联网领域有浓厚兴趣和一定基础的学生是关键。此外，课程体系设置需要与产业实际需求紧密契合，但物联网技术的迅速发展导致课程更新迭代的速度跟不上。社会资源的投入和支持力度，以及实践条件的改善也是影响专业发展的重要因素，这需要行业、企业等多方面资源的积极参与和支持。这些因素的协同发展有助于推动物联网相关专业走向更加健康的发展轨道。

如图 3-13 所示，重庆市 17 所本科院校中，有 88.24%的院校认为教师团队数量/水平是制约本科物联网工程专业发展的主要因素，技术更新迭代过快、学生基础/学习态度、课程体系科学性、现有制度/管理限制、人才培养连续性，占比分别为 58.82%、47.06%、41.18%、35.29%、35.29%。由于物联网是一个多学科交叉的领域，物联网专业师资须具备深厚的数学及自然科学基础，同时在计算机、通信、传感等领域具有前沿研究水平，能够跨学科整合知识，为学生提供综合性、实践性的培养环境。物联网师资队伍数量/水平是制约大部分本科院校物联网工程专业健康发展的主要因素，而物联网技术更新迭代过快和学生基础薄弱则是制约物联工程专业发展的次要因素。

除此之外,现有制度和人才培养连续性也需要进一步加强。

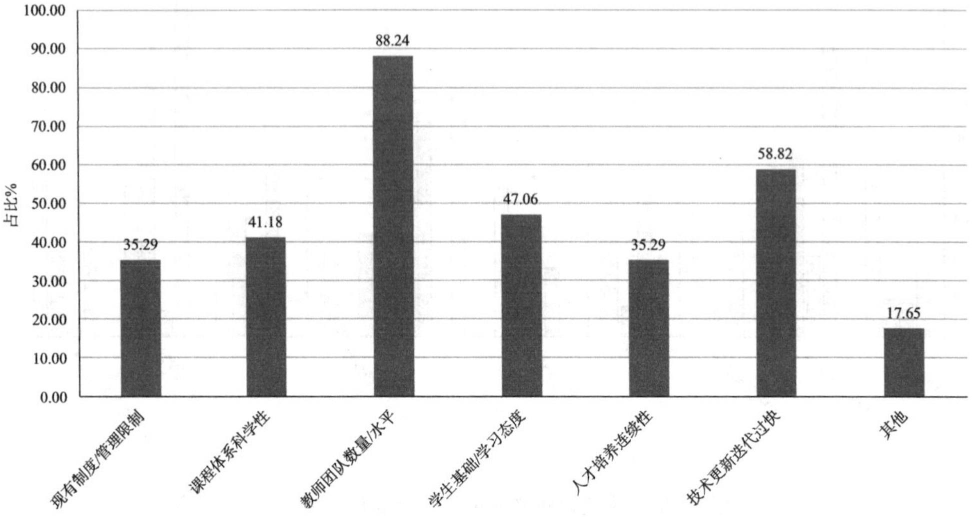

图 3-13　重庆市本科院校物联网工程专业发展的制约因素

物联网是综合性多学科领域,涵盖数学及其他自然科学基础知识,以及计算机、通信、传感等方面的基本理论知识和技能方法。在本科院校开设物联网工程专业初期,大多数院校侧重根据自身现状和师资力量,打造独具特色的物联网工程专业。师资主要依赖电子、通信、计算机、软件等优势专业教师,通过短期培训使其适应物联网工程专业需求。据调查分析,多数院校物联网工程专业教师以硕士研究生学历为主,博士研究生学历教师所占比例相对较低,副高级以上职称教师较少。个别院校如重庆大学、重庆邮电大学在专业教师数量和学历上超越同类本科院校;重庆理工大学、重庆科技学院博士研究生学历教师比例超过硕士研究生学历教师;重庆工商大学、重庆工程学院的副教授/高级工程师比例较高。总体而言,物联网工程专业师资水平亟待进一步提升。

此外,院校之间缺乏充分的交流和合作,校内外实践基地建设普遍存在"单线建设"的现象,直接影响物联网工程专业的全面发展。调研数据显示,仅有 11.76%的院校愿意共享专业建设成果, 23.53%的院校正致力于建设现代产(企)业学院, 17.65%的院校设有企业订单班。校内外实践基地的共享机制不完善也是一大制约因素,导致各院校在实践教学方面难以充分借鉴他校经验。这种状况使得各院校在专业人才培养、科研创新以及产学研协同育人方面存在一定的局限。为促进物联网工程专业的综合发展,有必要加强院校间的交流合作,建立实践基地共享平台,促使各院校在实践教学和专业建设方面形成合力,共同推动物联网工程专业健康发展。

3.3　高职高专院校专业建设与人才供给

3.3.1　办学规模趋势分析

基于对重庆市 28 所高职高专院校的详细调研数据，物联网应用技术专业当前在校学生总数为 8 975 人。部分高职高专院校近几年才开始招收物联网应用技术专业学生，如重庆化工职业学院（2022 年）、重庆电力高等专科学校（2020 年）、重庆艺术工程职业学院（2020 年）、重庆经贸职业学院（2020 年）、重庆科技职业学院（2021 年）、重庆智能工程职业学院（2020 年）、重庆健康职业学院（2020 年），导致在校学生规模相对较小。图 3-14 显示了 2023 年重庆市高职高专院校物联网应用技术专业在校学生人数 Top15 院校，主要为 2018 年以前开设物联网应用技术专业的高职高专院校。总体而言，相对于其他高职高专专业，物联网应用技术专业的在校学生规模处于中等水平。

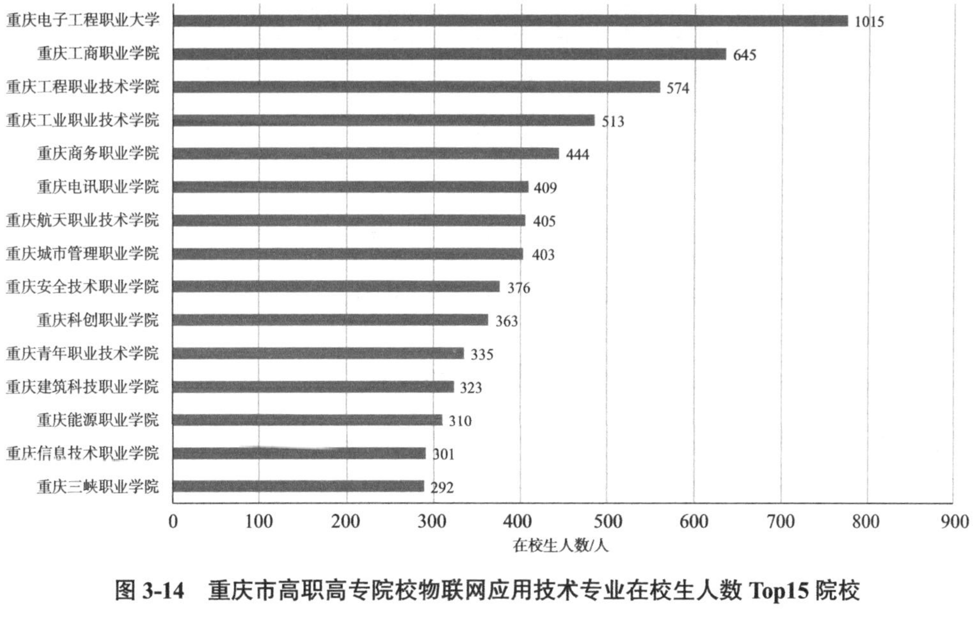

图 3-14　重庆市高职高专院校物联网应用技术专业在校生人数 Top15 院校

重庆高职高专院校物联网应用技术专业在校生人数 Top15 院校 2021—2023 年的招生情况如图 3-15 所示。通过对比计划招生人数与实际在校人数发现，一些院校实际录取人数未能达到计划招生人数，出现缺额情况，导致物联网应用技术专业学生人数低于预期。其中一个原因是重庆中职学校物联网技术应用专业于 2019 年才获准设置，在 2020 年之前中职学校未开设物联网技术应用专业，很多学校也没有设置物联网相关专业方向，因此中职学生对高职物联网应用技术专业的了解相对较少，一定程度上影响了中职学生在职教高考阶段对物联网应用技术专业的报考意愿，导致招生计划对口中职的部分出现差额。综合数据分析显示，重庆市高职高专院校在 2023 年的在校学生数量相较于 2022 年增长约 2%，高职高专院校中物联网应用技术专业的办学规模总体上呈现增长趋势，但增幅不及预期。

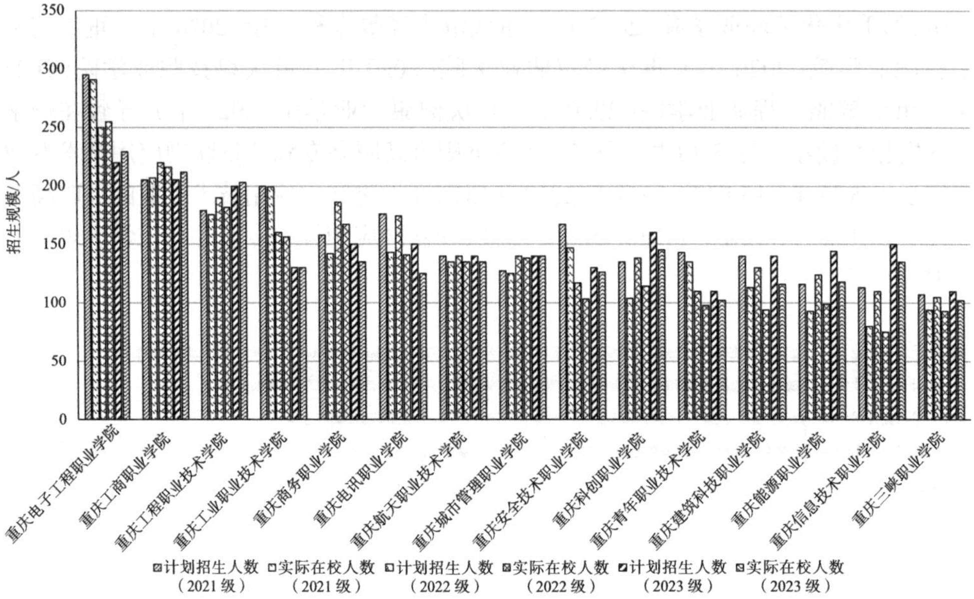

图 3-15　重庆市高职高专院校物联网技术专业在校生人数 Top15 院校 2021—2023 年招生情况

3.3.2　专业对接产业人才培养及课程体系设置

根据《国家职业教育改革实施方案》（“职教二十条”）[88]等相关政策文件的顶层设计要求，职业教育应当按照专业设置与产业需求对接、课程内容与职业标准对接、教学过程与生产过程对接的要求，完善职业院校设置标准，规范职业院校专业、课程、教学设置。近年来，重庆市高职高专院校物联网应用技术专业以服务构建“芯屏器核网”全产业链需求，紧密对接重庆市物联网产业，侧重培养能胜任与智能家居系统、农业物联网、医疗健康监测、建筑智能化、社区管理、旅游体验优化、交通智能化、教育科技、安防系统、智能生活产品等方面工作的高水平技术技能人才。

对重庆市高职高专院校的调研数据显示，物联网应用技术专业涉及的主要领域如图 3-16 所示，包括但不限于智慧家居、智慧农业、智慧医疗、智慧建筑、智慧社区、智慧旅游、智慧交通、智慧教育、智慧安防、智慧生活。由于智能家居市场需求旺盛，与社会发展紧密结合，能够为学生提供广阔的职业前景，并且该领域涵盖传感技术、物联网应用、远程控制等多方面，有助于培养学生的物联网实践技能，智慧家居成为重庆市高职高专院校物联网应用技术专业人才培养首选方向，比率达到 85.19%。选择智慧安防、智慧社区、智慧生活、智慧交通领域作为人才培养方向的院校占比也比较高，比率都在 55%以上。高职高专院校在选择人才培养方向时，会根据多个行业领域的需求来开设专业课程，在专业层面形成“一干多支”的技术技能型人才培养格局。其他被选比率较低的人才培养方向或者由于对技术要求较高，如智慧医疗和智慧建筑，需要相关专业的技术支持，或者由于覆盖的就业面较为有限，如智慧旅游和智慧教育，都具有明确的就业领域指向。高职高专院校物联网应用技术专业的人才培养定位与重庆市着力建设“芯屏器核网”全产业链、“云联数算用”全要素群、“住业游乐购”全场景集的发展方向密切相关，切实做到依托产业谋发展，为区域经济建设培养人才。

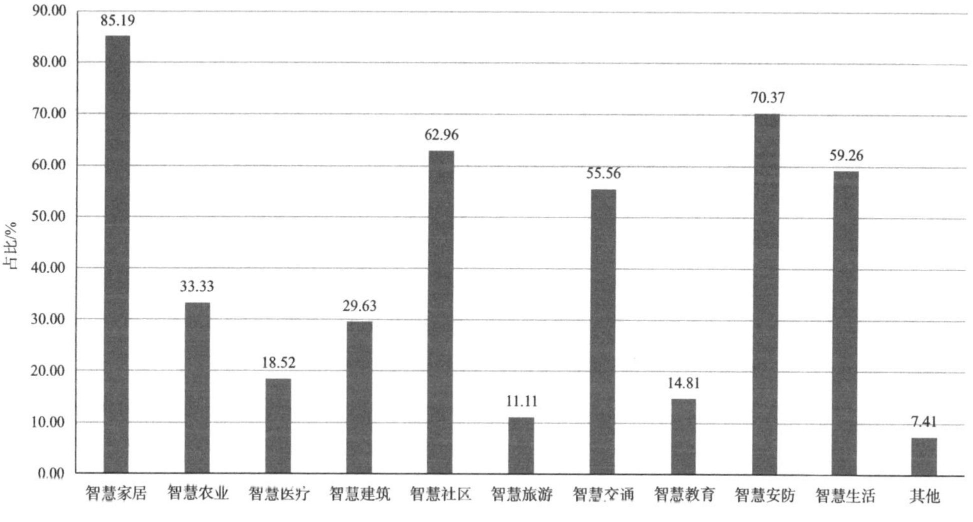

图 3-16　重庆市高职高专院校物联网应用技术专业人才培养着力点

除了明确将专业人才培养与产业定位对接，各高职高专院校还根据人才培养方向和重点领域制定了相应的人才培养方案。经过对 28 所高职高专院校人才培养方案的深入分析，发现专业基础课程涵盖物联网工程导论、电工电路基础、电子技术应用、计算机网络技术、单片机技术应用、C 语言、Python 程序设计、数据库技术及应用等。专业核心课程涵盖传感器技术与应用、典型无线传输技术、自动识别应用技术、嵌入式技术应用、物联网应用开发、物联网工程设计与实施等。多数院校设置了丰富的工程类课程,如物联网设备装调与维护、物联网系统部署与运维、物联网工程项目管理,这表明高职高专院校在人才培养中注重物联网工程的应用。

各学校根据专业定位设有相应的专业拓展类课程。例如,重庆交通职业学院的“交通大数据应用”课程模块,重庆工商职业学院的“车联网”课程模块,重庆航天职业学院的“智能家居系统”课程模块,重庆三峡职业学院的“智慧农业”课程模块,重庆商务职业学院的“商务数据应用”课程模块。调研数据显示,重庆市高职高专院校物联网应用技术专业人才培养旨在培养具备物联网应用系统设计、开发、部署、运维等工作能力,并在智慧家居、智慧安防、智慧城市、智慧交通等领域具备专业特长的高水平技术技能人才。

3.3.3 师资团队主要科研和社会服务方向

近年来,高职高专院校在科研和社会服务方面积极投入,通过产学研合作、技术服务、成果转化等,推动校企合作,专注于解决实际问题,促进技术创新,为企业提供专业咨询服务和技术支持。通过科研项目的开展,高职高专院校为学生提供实践机会,培养创新精神。各院校积极参与社会服务,举办培训课程、技术论坛,并向社会提供专业知识和技能培训。通过这些活动,高职高专院校与产业、社会形成紧密联系,推动物联网等领域的发展,为地方经济注入新动力,为学生提供更多职业发展机会。

调研发现,高职高专院校物联网团队的科研方向主要涵盖技术咨询、软件开发、硬件开发、系统集成、规划设计、运营管理和施工服务领域。如图 3-17 所示,以技术咨询服务为主的院校团队占 77.78%,系统集成技术服务占 62.96%,软件开发技术合作占 59.26%,均接近或超过 60%。总体而言,技术咨询服务、系统集成应用和软件开发合作成为高职高专院校物联网科研团队从事科研和社会服务的主要方向。规划设计、施工服务、硬件开发、运营管理方向占比也均超过 25%,与当前重庆市高职高专院校物联网应用技术专业人才培养方向高度契合。一些院校还积极参与相关国家标准、地方标准或行业标准的制定修订工作,有力提升了高职高专院校物联网应用技术专业的建设能力和科研水平。

3.3.4 高职高专院校组织参与技能竞赛情况

技术技能竞赛是一种通过比赛评判参赛者在特定技术领域或技能方面的水平的活动。这类竞赛旨在展示参与者在特定技术、工程、制造、信息技术、服务行业等领域的实际技能和专业知识。技术技能竞赛的形式多种多样,包括实际操作、项目展示、模拟情境解决等,涵盖的领域非常广泛。这些竞赛有助于激发参与者的学习热情,提高他们在特定领域的实际操作和问题解决能力,同时也为他们未来的职业发展提供锻炼和展示的机会。高水平、高质量的技能大赛对有效提升院校教师团队水平和人才培养质量具有显著作用,同时对引领教学改革方向、促进课程和师资队伍建设,提升高职高专院校的办学竞争力,形成办学特色,推动学校持续发展具有极其重要的现实意义。

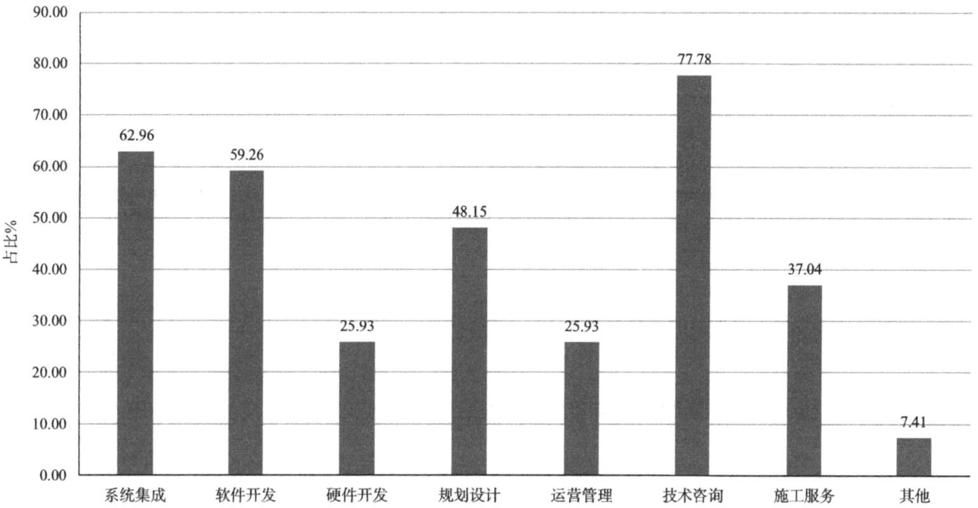

图 3-17　重庆市高职高专院校物联网应用技术专业科研团队主要研发及服务方向

研究发现,高职高专院校普遍积极参与技术技能竞赛。如图 3-18 所示,与本科院校相似,中国"互联网+"大学生创新创业大赛是高职高专院校参与率最高的赛事,达到 85.71%。以全国职业院校技能大赛物联网技术应用赛项为代表的国家主航道赛项,参与率高达 82.14%。全国大学生电子设计竞赛(TI 杯)的参与率也超过 70%,其他参与率高的赛事还包括中华人民共和国职业技能大赛物联网技术赛项、蓝桥杯全国软件和信息技术专业人才大赛、"挑战杯"全国大学生系列科技学术竞赛,参与率均在 50%以上。近年来,随着人力资源社会保障推出全国行业职业技能竞赛系列,重庆市也推出了"巴渝工匠"杯系列赛事,各高职高专院校物联网应用技术专业在物联网技术应用相关赛项上均表现积极。

通过参与竞赛,参赛者能在实际操作中深化对专业知识的理解,培养解决问题的能力,有助于教师和学生积累实践经验,提高特定领域的专业技能。技能竞赛不仅能促进学校与行业的紧密合作,确保课程与实际需求契合,为教师和学生提供实践的机会也有助于营造积极向上的学术氛围,促进教师教研能力提升,激发学生学习兴趣,为学生未来职业发展打下坚实的基础。

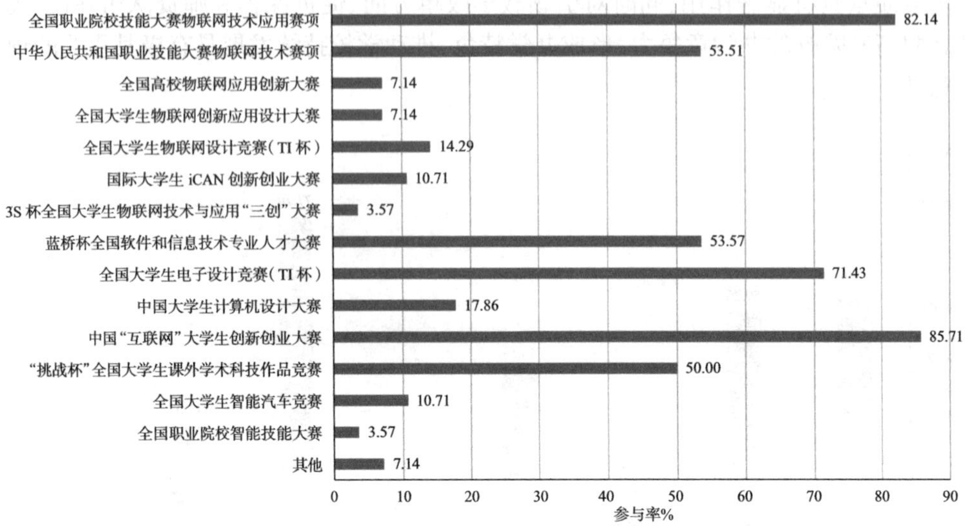

图 3-18　重庆市高职高专院校物联网应用技术专业学生参加技能竞赛情况

3.3.5　高职高专院校 1+X 证书制度试点推进情况

2019 年，国务院颁布《国家职业教育改革实施方案》（“职教二十条”）[88]，明确从 2019 年起，职业教育领域启动“学历证书+若干职业技能等级证书”（简称 1+X 证书）制度试点工作。该制度旨在突破传统学历教育模式，强调对职业技能的实际掌握和运用。“1”代表学历证书，“X”代表若干职业技能等级证书。学生在完成学历课程的同时，可通过参加职业技能培训和考核，获得与所学专业相关的职业技能等级证书。这一改革试点的目的是更好地适应市场需求，提高毕业生的职业素养和竞争力，促进高等教育与职业培训的有机融合。

近年来，重庆市高职高专院校秉承“课证融通”理念，将 1+X 证书制度与专业建设、课程设置、教师队伍建设等密切结合，促进“1”和“X”的有机衔接，更好地实现人才培养与职业岗位的对接，为毕业生就业提供更多选择。调研数据显示，大多职业院校物联网应用专业参与了 1 项或多项 1+X 证书制度试点，如图 3-19 所示。新大陆主导推出的“传感网应用开发”职业技能等级证书是 2019 年 8 月获批的第二批 10 个 1+X 证书之一，由于推出时间早，与物联网应用专业匹配度高，成为职业院校参与度最高的 1+X 证书，总体参与比率达到 54.17%，上海仪电主导推出的“物联网智能家居系统集成和应用”职业技能等级证书，参与度占比为 27.08%；新大陆主导推出的“物联网工程实施与运维”、中盈创信主导推出的“物联网安装调试与运维”也有较高的参与度，均在 16%以上。

重庆市高职高专院校积极响应 1+X 证书制度试点工作，为学生提供多元发展渠道。各院校通过拓展课程设置、强化职业技能培训，鼓励学生获取与所学专业相关的职业技能等级证书。这一举措旨在提升学生的综合素质，帮助学生更好地应对职业挑战，促使学校与产业需求更加契合，为学生未来就业和职业发展提供更多的选择和支持。

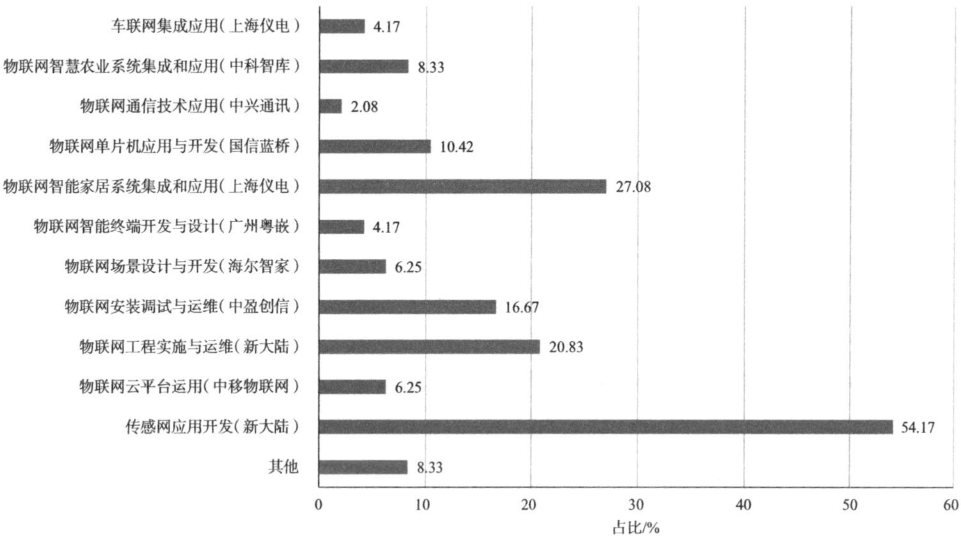

图 3-19　重庆市高职高专院校物联网应用技术专业 1+X 相关证书制度开展情况

3.3.6　就业与升本情况

高职高专院校的培养目标是为产业转型升级和发展提供所需的技术技能型人才。在人才培养过程中，专注于学生实际操作和应用能力培养，课程设置与行业需求密切相关，注重学生在传感技术、物联网应用开发、系统集成等领域的实际技能培养。较多毕业生选择直接投身物联网行业，不想错过实际技能锻炼和职业发展的机会。也有相当部分毕业生选择继续深造，通过升入相关本科专业来提高综合素质和丰富专业知识，由此也可能带来更广泛的人际关系和职业选择。

对高职高专院校的调研结果显示，近年来，物联网应用技术专业毕业生的专升本比例在各职业院校呈现出较大的差异，招生生源和办学质量较高的院校专升本比率较高。重庆市职业院校 2023 年专升本比率排名前 10 的高职高专院校如图 3-20 所示。专升本升学比率最高的是重庆电子工程职业学院（现为重庆电子科技职业大学），达到 51.42%，重庆工业职业技术学院的升本比率为 42.24%，重庆工程职业技术学院、重庆城市管理职业学院、重庆工商职业学院升本比率也都高于 30%。

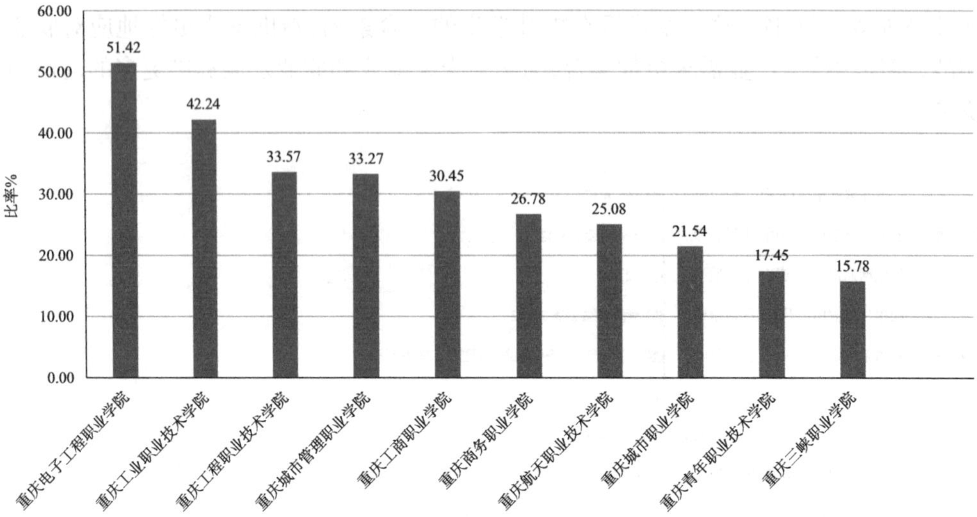

图 3-20　重庆市高职高专院校物联网应用技术专业专升本比例 Top10 院校情况

总体而言，重庆市物联网应用技术专业学生专升本的意愿和比例呈逐年上升趋势。这一现象一方面反映了更多学生对物联网应用技术专业发展前景的认可，愿意深入学习专业知识和提升在该行业的竞争力；另一方面反映了物联网应用技术专业知识面广、技术难度强，选择专升本继续深入学习成为学生更直接、有效的途径。

从调研数据分析，2023 年，毕业去向落实情况（合并就业率、升学率）院校之间差距相对较小，平均毕业去向落实率为 94.86%，重庆工商职业学院、重庆电子工程职业学院、重庆机电职业技术大学、重庆轻工职业学院 4 所院校毕业去向落实率接近 100%，绝大多数院校毕业去向落实率高于 90%。

3.3.7　相关专业发展的主要制约因素分析

高职高专院校物联网应用技术专业的发展受到政策、师资、生源质量、课程体系、社会资源、实践条件等多方面因素的制约。首先，师资结构相对薄弱，博士研究生学历教师占比较低，制约了专业水平的提升。其次，院校之间缺乏充分的交流与合作，校内外实践基地建设数量不足，影响了专业的全面发展。此外，实践基地共享机制不健全，阻碍了院校之间优势互补与经验共享，制约了学生实践教学的优化。同时，对物联网产业应用领域的深入研究和实践需要更多的政策支持和社会资源投入。这些因素共同制约了高职高专院校物联网应用技术专业的全面提升，亟须加强师资队伍建设、健全院校协同机制，并提高实践基地建设水平。

对 28 所高职高专院校的调研数据显示，78.57%的院校认为学生基础/学习态度是制约高职高专院校物联网应用技术专业发展的主要因素。其次是教师团队数量/水平、课程体系科学性、人才培养延续性、技术更新迭代过快、制度/管理限制，分别占 75.00%、46.43%、42.86%、32.14%、28.57%，如图 3-21 所示。学生基础薄弱和教师团队水平较低已成为制约大多数高职高专院校物联网应用技术专业发展的主要因素。此外，课程体系科学性、现有制度和人才培养连续性也需要进一步加强。这些因素共同制约了高职高专院校物联网应用技术专业的全面提升，由于学生基础薄弱是客观存在的因素，高职高专院校迫切需要加强师资队伍建设、完善院校合作机制，以及提升实践基地的共建和共享水平。

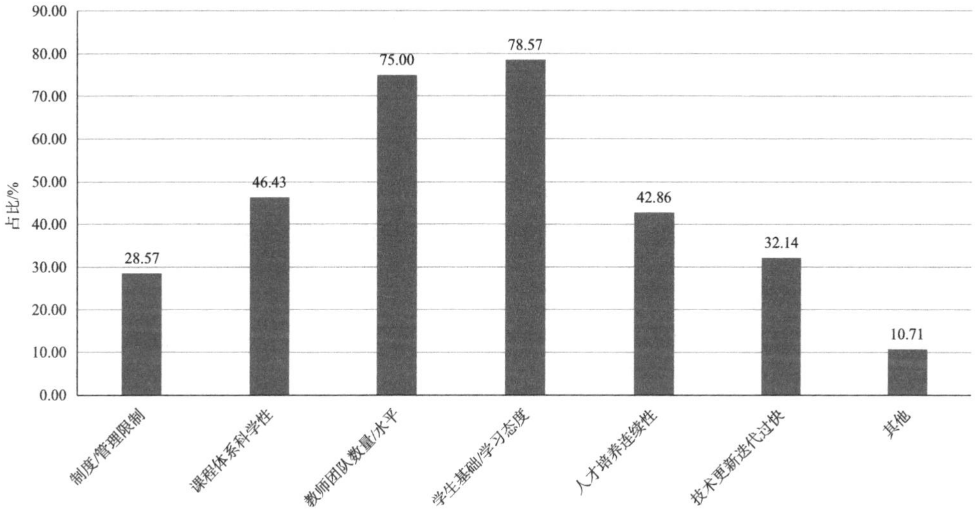

图 3-21　重庆市高职高专院校物联网技术专业发展的制约因素

调研数据显示，2023 年重庆市高职高专院校物联网应用技术专业共有 414 名专职教师，其中博士研究生 34 人（占 8.21%），硕士研究生 275 人（占 66.43%），本科及以下学历 105 人（占 25.36%）。专职教师的职称分布方面，教授/教授级高级工程师有 40 人（占 9.66%），副教授/高级工程师有 115 人（占 27.78%），讲师/工程师有 144 人（占 34.78%），助教/助理工程师有 96 人（占 23.19%），其他职称有 19 人（占 4.59%）。图 3-22 展示了部分院校专业师资配置情况，重庆电子工程职业学院物联网专业师资状况明显优于其他院校。值得注意的是，高学历和高职称师资在高职高专院校中相对较为稀缺。根据调研数据，校外兼职教师人数为 173 人，这表明高职高专院校与企业建立了紧密的校企合作关系。总体而言，物联网应用技术专业校内专职教师的培训亟须加强，以适应职业教育发展。

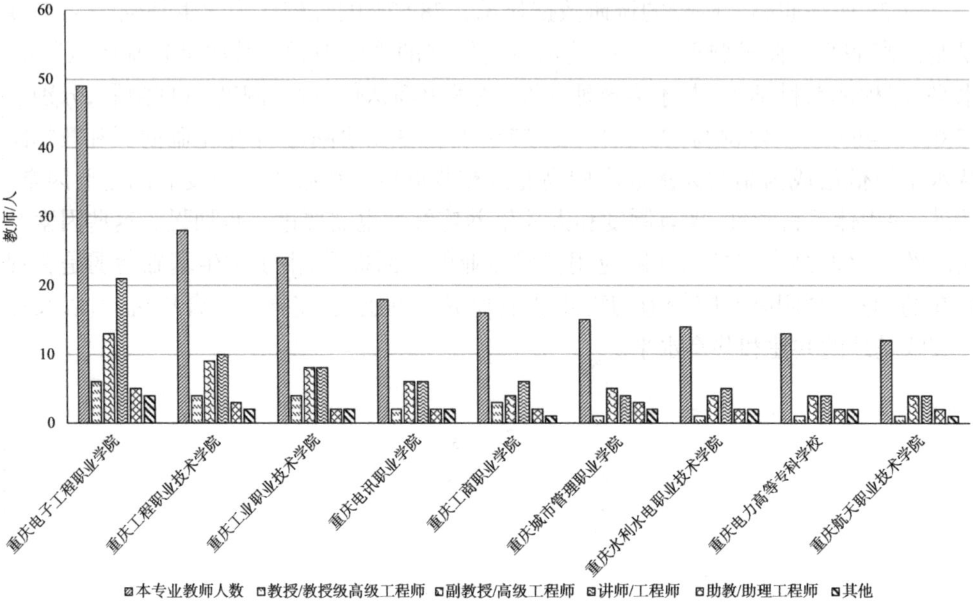

图 3-22　重庆市部分高职高专院校物联网应用技术专业师资配置情况

与本科院校相似,高职高专院校之间的交流和合作也较为有限,校内外实践基地建设普遍呈现"单线建设"的现象,直接制约物联网应用技术专业的全面发展。调研数据显示,仅有 6.25%的院校愿意共享专业建设成果,27.08%的院校正在致力于建设现代产(企)业学院,22.92%的院校设有企业订单班。校内外实践基地的共享机制不完善也是一大制约因素,导致各职业院校在实践教学方面难以充分借鉴他校优势。为促进物联网专业的综合提升,有必要强化院校间的交流合作机制,建立实践基地共享平台,促使各校在实践教学和专业建设方面形成合作力,共同推动物联网应用技术专业的健康发展。

3.4　中职/技工学校专业建设与人才供给

3.4.1　办学规模趋势分析

近年来,重庆市中职/技工学校物联网专业呈现蓬勃发展态势。中职/技工学校依托重庆市作为国家物联网特色产业示范基地的发展需求,不断优化相关专业课程设置,突出实践教学,专业知识涵盖智能家居、农业物联网、医疗健康监测、建筑智能化等多个领域。通过对 22 所中职/技工学校的调研数据进行分析,发现中职/技工学校物联网技术应用专业(包括物联网方向)2023 年的在校生人数为 3 306 人,相较于 2022 年增加了 551 人,增幅达到 19.78%;毕业生人数为 687 人,较 2022 年增加了 92 人,增幅为 15.46%; 2023 年计划招生人数为 1 150 人,比 2022 年计划招生人数增加了 3.14%,如图 3-23 所示。重庆市中职/技工学校物联网技术应用专业的学生规模整体上保持稳定增长趋势,但增幅缓慢。中职/技工学校物联网技术应用专业的持续发展为地方产业提供了强有力的技术和人才支持,为本区域物联网产业的持续发展奠定了坚实基础。

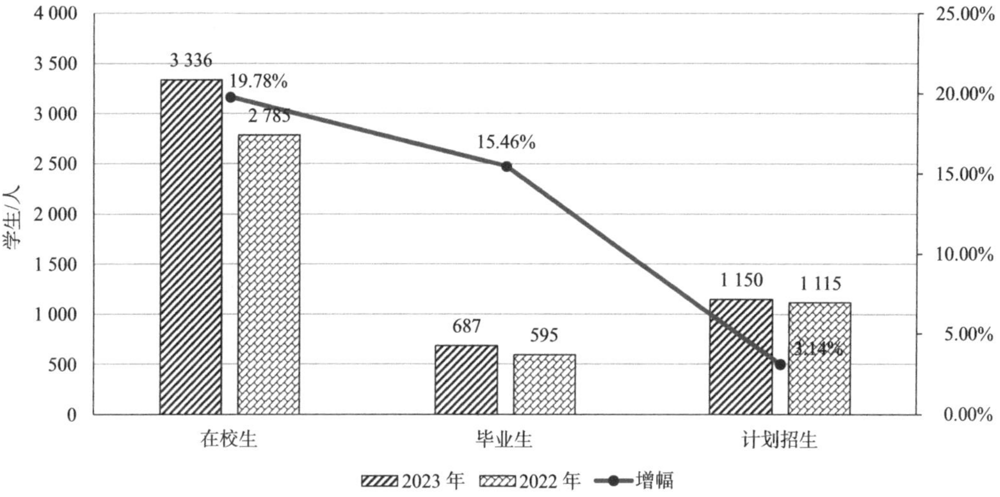

图 3-23　重庆市中职/技工学校物联网技术应用专业学生规模

3.4.2　专业对接产业人才培养及课程体系设置

中职/技工学校物联网技术应用专业以紧密对接产业需求为目标,以产业为导向,构建全面实用的课程体系。该体系涵盖智能设备维护、传感器技术应用、物联网系统开发等核心课程。培养过程中,强调学生解决实际产业问题的能力,旨在使学生具备在智能家居、农业物联网、医疗健康监测等领域从事技术应用工作的综合素质。调研数据显示,重庆市中职/技工学校的物联网技术应用专业涵盖多个产业领域,包括智慧家居、智慧农业、智慧医疗、智慧建筑、智慧社区、智慧旅游、智慧交通、智慧教育、智慧安防、智慧生活等。

智慧家居产业与社会需求密切结合,近年来蓬勃发展。智慧家居产业领域要求综合运用传感器/传感网、物联网应用、远程控制等多方面技术,有助于培养学生全面的物联网实践技能。类似于高职高专院校,中职/技工学校将智慧家居作为主要人才培养方向，比率达到 81.82%，并对智慧生活、智慧安防与区域经济和社会发展相关的产业方向给予关注，超过半数的中职/技工学校将其作为人才培养主要方向，选择智慧社区、智慧交通、智慧建筑方向的学校占比均超过 20%。与高职高专院校的专业对接产业人才培养方向相比，中职/技工学校的人才培养方向契合度较高，这可能得益于中高职衔接（包括 3+2 衔接、5 年一贯制等）贯通式人才培养工作的积极推进。

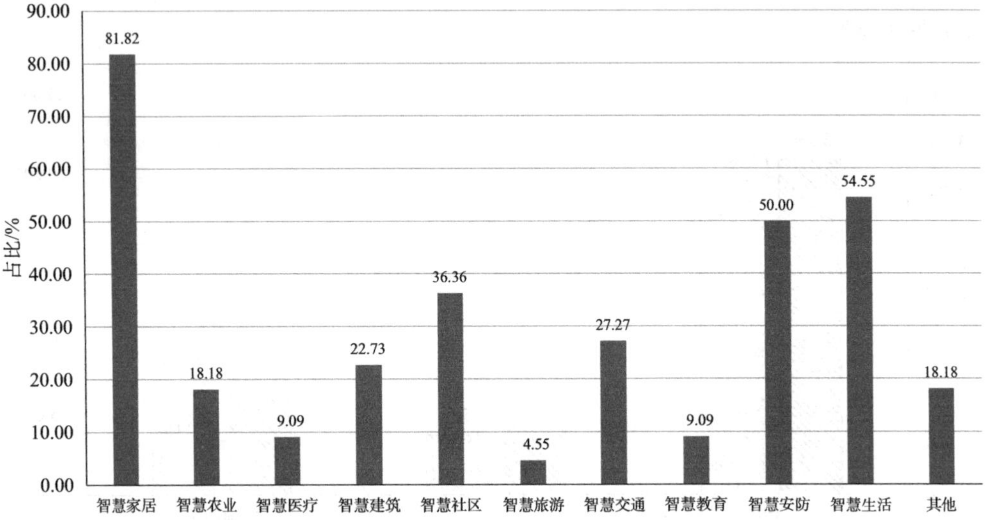

图 3-24　重庆市中职/技工学校物联网技术应用专业人才培养着力点

根据 2021 年 3 月教育部发布的《职业教育专业目录（2021 年）》[89]，中职物联网技术应用专业归属于电子信息类（7101），与高职层次将物联网应用技术专业归属于电子信息类（5101）保持一致。对中职/技工学校物联网技术应用专业人才培养方案和课程设置进行分析后发现，该专业通常设置电工技术、电子技术、计算机组装与维护、计算机网络技术、C 语言程序设计、物联网概论等作为基础课程，并设置单片机技术应用、数据库技术应用、传感器技术、物联网综合布线、物联网产品开发等作为专业核心课程。图 3-25 为重庆市中职/技工学校物联网技术应用专业课程开设情况。电工技术、电子技术、物联网概论、传感器技术课程所有学校均有开设，其他开设率较高的课程如单片机技术应用、计算机组装与维护、物联网综合布线、物联网产品开发等占比均超过 70%。

与此同时，各学校充分考虑专业定位和 1+X 证书制度试点，开设了一系列实训实践类课程，如物联网设备安装与调试、物联网系统运维、物联网工程实施。一些学校还根据专业对接产业需求，开设专业拓展类课程。例如，重庆市立信职业教育中心提供“智能家居”和“智慧安防”课程模块，重庆市荣昌区职业教育中心设有“智慧农业”和“智慧畜牧”课程模块，重庆市九龙坡职业教育中心设置了“智慧交通”和“智慧楼宇”课程模块。调研数据显示，重庆市中职/技工学校物联网技术应用专业人才培养旨在使学生具备物联网系统设计、开发和维护的能力，使其毕业后能够顺利进入智慧家居、智慧安防、智慧城市、智慧交通等相关行业从事物联网技术应用工作。

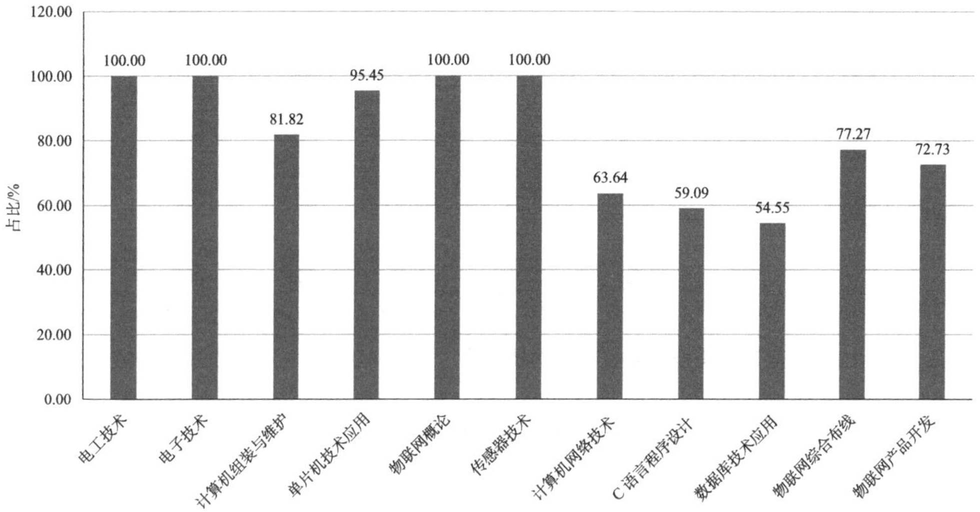

图 3-25　重庆市中职/技工学校物联网技术应用专业课程开设情况

3.4.3　物联网团队主要科研及社会服务方向

与高职高专院校不同，中职/技工学校通常扎根于区县等较小区域范围，其专业建设以及人才培养的主要目标是服务县域产业转型和经济发展，地方政府层面对学校发展的重视程度存在显著差异。科研与社会服务层面，中职/技工学校主要开展实际的区域项目合作，深度融入产业实践，为企业提供技术支持与解决方案。学校通过举办技术论坛、专业培训等方式向社会传递专业知识，促进产业发展。

中职/技工学校物联网技术应用专业团队的科研与社会服务方向涵盖系统集成、软件开发、硬件开发、规划设计、运营管理、技术咨询和工程实施等领域，如图 3-26 所示。工程实施占据学校科研服务方向的 54.55%，系统集成占 45.45%，技术咨询达 36.36%，软件开发和规划设计各占 22.73%，硬件开发占 18.18%。工程实施、系统集成和技术咨询是中职/技工学校物联网团队从事科研及社会服务的主导方向。软件开发、规划设计、硬件开发、运营管理方向在一定程度上也有相关业务开展，与中职/技工学校物联网技术应用专业人才培养方向相互契合。

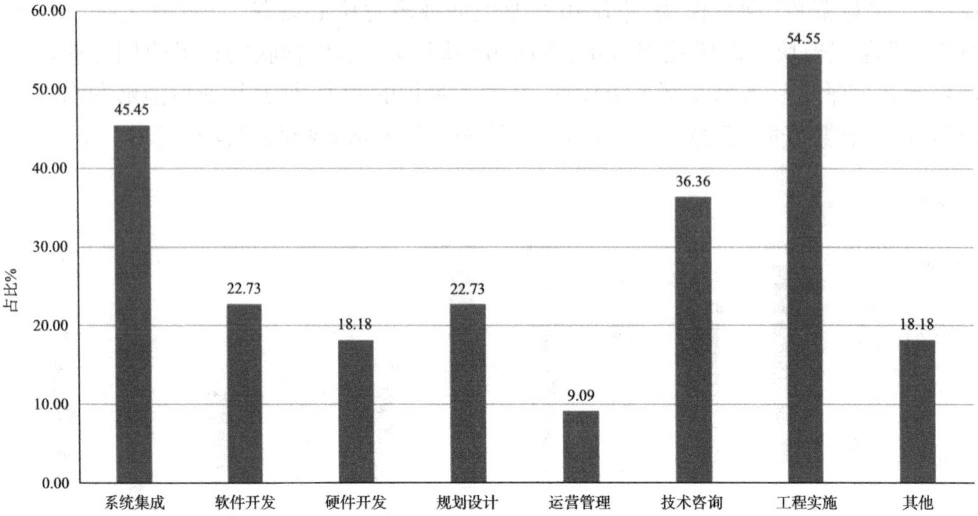

图 3-26　重庆市中职/技工学校物联网技术应用专业科研团队主要研发及服务方向

3.4.4　中职/技工学校组织参与技能竞赛情况

在中职/技工学校的技术技能人才培养中，技能竞赛具有至关重要的作用。参与技能竞赛不仅有助于提升学生实际操作技能，培养团队协作和问题解决的能力，还能激发学生对学科的浓厚兴趣。更为重要的是，技能竞赛能够推动学校与企业紧密合作，为学生成才提供高水平、高质量的技能实践平台，从而促进学校整体办学水平提升，推动教学改革，提高学校声誉。因此，中职/技工学校极为重视各类技能竞赛。

不同于高职高专院校，中职/技工学校学生能参与的技能竞赛赛项较为有限，主要以全国职业院校技能大赛为主。如图 3-27 所示，对于中职/技工学校，全国职业院校技能大赛是参与率最高的赛事，其中物联网应用与服务赛项参与率达到 77.27%、智能家居安装与维护赛项参与率为 68.18%。中华人民共和国职业技能大赛物联网技术赛项的参与率也比较高，达到 36.36%。中国“互联网+”大学生创新创业大赛 2019 年开始设置职教赛道、萌芽板块等赛项，普高、中职学生都能参加该赛项，但由于该赛项对创新性要求高，参与的中职/技工学校数量较少。金砖国家职业技能大赛（物联网赛项）知名度和影响力远不如其他赛项，总体的参与率也比较低。近年来，随着人力资源社会保障部推出全国行业职业技能竞赛系列，重庆市也推出了“巴渝工匠”杯系列赛事，中职/技工学校物联网技术应用专业也能够在物联网技术应用相关赛项上参与竞技，并且时有斩获。

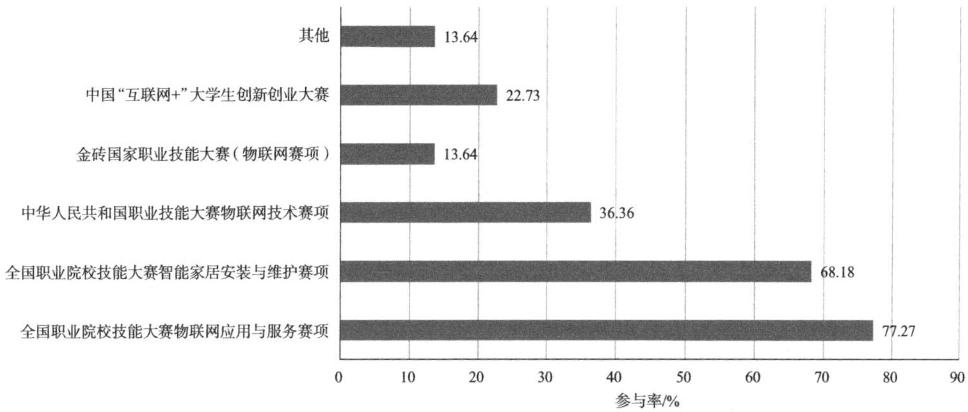

图 3-27　重庆市中职/技工学校物联网技术应用专业参加技能竞赛情况

3.4.5　中职/技工学校 1+X 证书制度试点推进情况

根据国务院发布的《国家职业教育改革实施方案》[88]等政策文件，自 2019 年起，职业院校启动“学历证书+若干职业技能等级证书”（简称 1+X 证书）制度试点工作。试点工作开展后，中职/技工学校由初期的观望逐渐转变为积极响应，将 1+X 证书制度试点与专业建设、课程设置、教师队伍建设等有机结合。通过推进“1”和“X”的紧密衔接，实施书证融通，专注精准育人，促使中职/技工学校能够更好地实现人才培养与职业岗位的紧密对接，为毕业生就业提供更多就业选择。

调查数据显示，重庆市多数中职学校物联网专业已经启动了一项或多项 1+X 认证试点，相关证书的参与情况如图 3-28 所示。新大陆主导推出的“物联网工程实施与运维”证书参与率最高，达到 40.09%；其次是新大陆主导推出的“传感网应用开发”证书以及上海仪电主导推出的“物联网智能家居系统集成和应用”证书，参与率分别为 40.91%和 27.27%。此外，中盈创信主导推出的“物联网安装调试与运维”证书的参与率也较高，为 18.18%。1+X 证书体系强调实践能力的培养，使学生更好地适应市场需求。对中职/技工学校而言，1+X 证书不仅是实现学生个人职业目标的有效途径，也是推动职业教育与市场需求对接的重要桥梁。

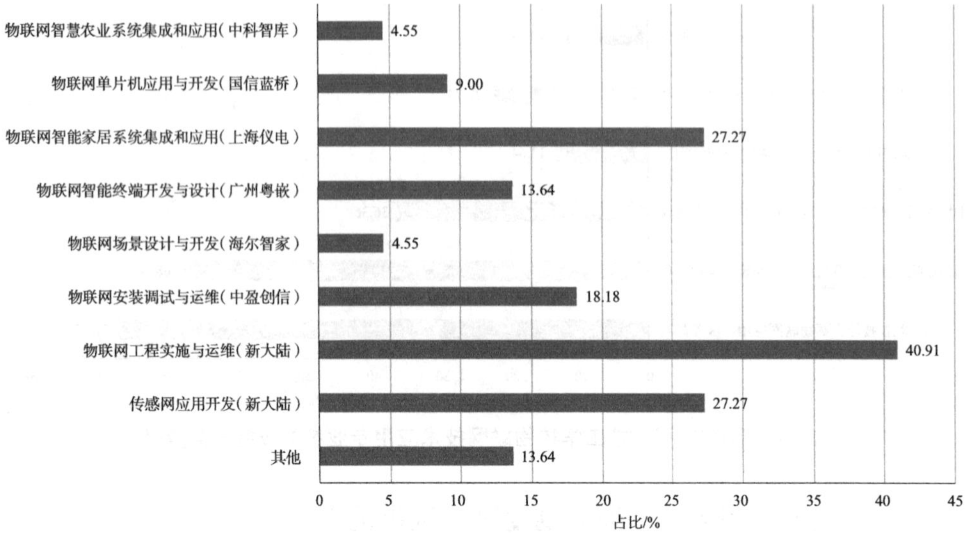

图 3-28　重庆市中职/技工学校物联网技术应用专业 1+X 相关证书制度开展情况

3.4.6　物联网专业毕业生较大比例选择继续升学

从调研的 22 所中职/技工学校来看，物联网技术应用专业（含物联网方向）的毕业生更倾向于升学，2023 年有 527 名物联网专业毕业生升入高等职业院校，占毕业总人数的 76.71%。重庆市渝中职业教育中心、重庆市轻工业学校的升学率接近 100%，其他升学率较高的学校包括较高的九龙坡职业教育中心和较高的育才职业教育中心。也有少部分学校毕业生以就业为主，如较高的龙门浩职业中学校、重庆铁路运输高级技工学校和重庆市北碚职业教育中心，其物联网技术应用专业毕业生就业比例相对较高。

总体来看，物联网技术应用专业学生升学的意愿和比例逐年上升，这反映出中职/技工学校学生对物联网技术应用专业的发展前景有较高期待，更愿意深入学习和提升。考虑到物联网技术应用专业知识广泛而有深度，选择升入高等职业院校学习是中职/技工学校学生深入专业探究的有效途径。

3.4.7　相关专业发展的主要制约因素分析

中职/技工学校物联网技术应用专业的发展受到多重制约因素的影响，涉及政策、师资、生源质量、课程体系、社会资源和实践条件等多个方面。根据调研数据，72.73%的中职/技工学校受访者认为学生基础/学习态度是制约物联网专业发展的主要因素。教师团队数量/水平、课程体系科学性、人才培养连续性、技术更新迭代过快、现有制度/管理限制分别占比 68.18%、54.55%、40.91%、36.36%、18.18%，如图 3-29 所示。这表明，学生基础薄弱、师资水平有限以及课程设置不够科学是中职/技工学校物联网技术应用专业发展的主要制约因素。这些问题不仅影响学生实际技能培养和专业水平提升，还妨碍物联网技术应用专业的全面发展。解决这些挑战需要强化学生基础教育、提升师资水平、优化课程设置、保障人才培养的连续性，同时适度调整技术更新速度，改善制度和管理体系，以促进中职/技工学校物联网技术应用专业健康发展。

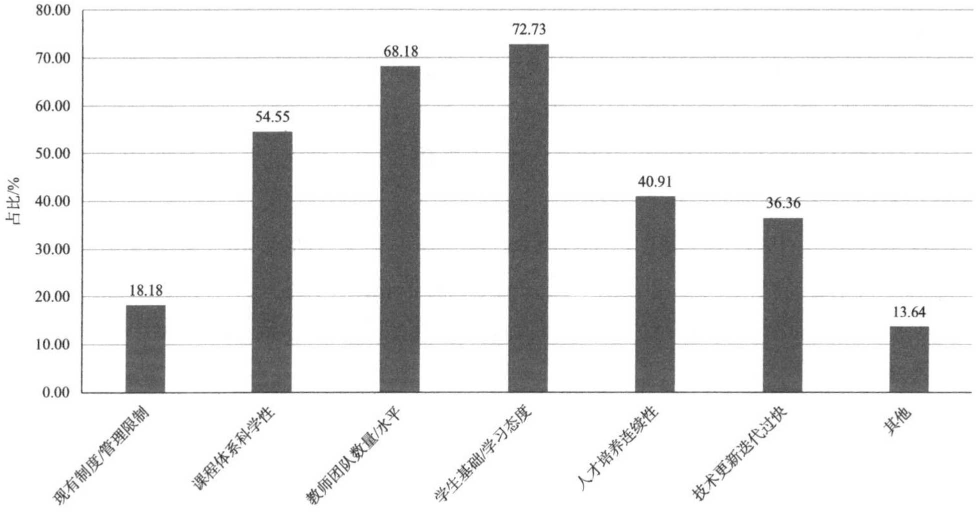

图 3-29　重庆市中职/技工学校物联网技术应用专业发展的制约因素

中职/技工学校物联网技术应用专业在实习实训基地建设与运用方面存在多方面问题。首先，实训基地相对匮乏制约了对学生实践能力的培养，这一般由资源不足、行业合作不够紧密等导致。其次，实际缺乏共建共享机制，各学校难以充分利用他校的优势资源，导致实训条件的差异较大。为解决这些问题，中职/技工学校需加强与行业、企业的合作，建设更多实习实训基地，确保学生能接触到先进的物联网技术和真实的工作环境。同时，推动校际建立实训基地的共建共享机制，通过资源整合和协同发展，构建更完善的实习实训生态系统，促进物联网技术应用专业更好地满足行业需求，培养更优秀的物联网技术人才。

第 4 章　匹配分析与对策建议

2019 年 4 月，人力资源社会保障部、市场监督管理总局、统计局正式向社会发布物联网工程技术人员、物联网安装调试员等 13 个新职业信息，这是自 2015 年《中华人民共和国职业分类大典》颁布以来发布的首批新职业[90]。2020 年 10 月，人力资源社会保障部首次颁布物联网安装调试员等 4 个新职业的国家职业技能标准[91]；2021 年 9 月，人力资源社会保障部颁布物联网工程技术人员新职业标准[92]。新颁布的两个物联网领域国家职业技能标准，适应物联网行业和技术水平未来发展要求，对物联网行业领域从业人员的理论知识和专业技能提出了综合性要求，是开展职业教育培训和人才技能鉴定评价的基本依据。

技术技能人才培养的核心目标在于培养具备一定文化水平和专业知识技能的应用型人才，满足其就业需求和工作岗位的实际需要，推动社会生产力的不断发展，促使国家产业结构迅速调整与转型。然而，长期以来，主导技术技能人才培养的教育领域陷入了“怪圈”，认为只有在学科体系的结构框架下，知识才具有有序性，往往按照学科体系的排序方式组织专业建设、课程建设和教学实施。然而，按照这种理念培养的技术技能人才与市场需求的匹配度较低，表现为知识应用能力不足、岗位适应性较差、拓展迁移能力有限等问题，难以迅速适应职业工作岗位的发展需求。

自首批物联网专业学生毕业至今已近 10 年，由于行业技术难以明确定位、岗位对接存在趋向重叠、知识更新速度过快等因素，物联网人才市场仍存在供需结构失衡等典型问题。一方面，物联网相关企业难以招聘到符合要求的人才；另一方面，院校人才培养方向不够明晰，众多物联网专业毕业生存在找不到与自身所学相契合的理想用人单位的问题。这种局面反映了当前技术技能人才培养亟须转变，要强调与市场需求的紧密对接，以确保培养出更符合实际用工需求的高素质人才。

4.1　供需匹配及问题分析

4.1.1　专业培养规模与行业人才数量需求存在巨大缺口

根据相关数据统计分析，作为物联网特色新型工业化产业示范基地的重庆市，物联网产业发展引领全国，产业规模呈扩大趋势，对物联网人才的需求较为迫切。按照《新职业——物联网安装调试员就业景气现状分析报告》[85]、《新职业——物联网工程技术员就业景气现状分析报告》[86]对物联网行业人才需求的评估，全国物联网人才缺口平均每年超过 320 万人，其中物联网安装调试员年均需求量近 100 万人。以高职高专院校为例，截至 2023 年，全国开设物联网应用技术专业的学校达 595 所（其中本科/职业本科院校 30 所），但每年毕业生仅 6.1 万余人。总体来看，学生规模与市场需求之间依然存在较大差距。

重庆市开设物联网及相关专业的学校中，本科院校 17 所，高职高专院校 28 所，中职/技工学校 22 所，物联网专业在校生 1.93 万名，2022 年毕业生 5 700 余人。重庆市 2022—2024 年物联网专业毕业生人数变化趋势如图 4-1 所示，这三年毕业的物联网专业学生人数和三类院校毕业生总数总体上均呈现上升趋势，本科院校 3 年均有明显上升趋势，且保持持续上升；中职/技工学校 2022—2023 年有明显上升趋势，2023—2024 年基本保持稳定；高职高专院校 2022—2023 年迎来大幅提升后，2023—2024 年呈现明显下降趋势，但总体而言仍呈现上升趋势。高职高专院校的这一变化趋势，可能跟 2020 年高职高专院校扩招（多所院校单年扩招 20%以上）、最近两年高职高专院校筹划升本（部分院校减少在校生人数以提升师生比）等有较大关系。

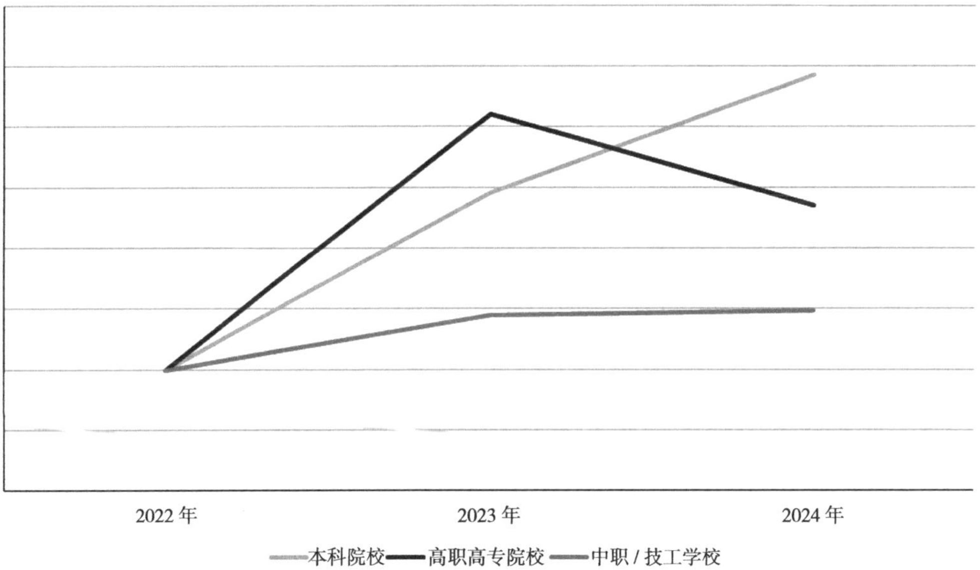

图 4-1　重庆市 2022—2024 年物联网专业毕业生人数变化趋势

重庆市经过十多年的发展已聚集了超过 1 700 家物联网企业，初步形成了完善的物联网产业链，2022 年物联网年核心产值 1 550 亿元。根据图 2-11 和表 2-5 的数据，2022 年重庆市物联网核心产值增幅为 315 亿元，所需人才增量约为 1.26 万人，其中本科人才 5 400 余人、高职高专人才 4 200 余人、中职人才 1 200 余人。图 4-2 为 2022—2024 年重庆市物联网人才供需比较情况。本科人才需求缺口极大，年均缺额比率超过 150%，达 3 500 人以上；高职高专人才需求缺口 2022 年约为 42%（1 200 人左右），2023 年约为 19%（700 人左右），而 2024 年缺口约为 48%（1 650 人左右）；中职/技工人才缺口看起来较少，但年平均缺额比率仍为 30%左右。如果考虑本科毕业生 15%以上的考研率、高职高专毕业生 20%以上的升本率、中职毕业生 85%左右的升学率，则各类学历层次人才缺口将更加明显。即使考虑可能从计算机科学与技术、电子信息工程、控制工程与技术、软件工程等相关专业转行至物联网行业的毕业生，供需矛盾仍然突出。

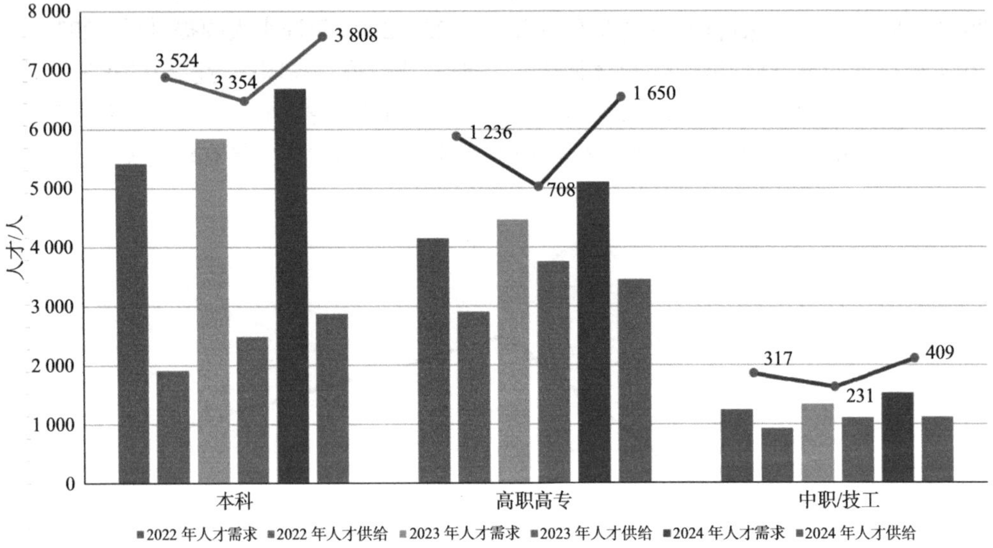

图 4-2　2022—2022 年重庆市物联网人才供需比较情况

4.1.2　专业培养定位与行业人才需求差异存在一定错位

调查发现，大中小企业对人才的需求各不相同。大中型企业与小型企业对人才需求的差异主要体现在岗位划分、专业能力、综合能力、人才配置和技术要求等方面。首先，大中型企业实力雄厚，技术人才充裕，对岗位划分更加细致。据统计，大中型企业岗位细分比例达 78%以上，而小型企业仅为 31%左右。这表明在大中型企业中，每个岗位的职责更加明确。其次，大中型企业对人才专业能力的要求也相对较高。调查数据显示，56%以上的大中型企业要求人才具备较高的业务能力，而小型企业仅 33%左右。这主要是因为大中型企业拥有更多的资源和技术，需要人才具备较高的专业素质和技能水平，以推动企业快速发展。与大中型企业相比，小型企业的人才数量配置有限，对所招聘人才的综合能力要求较高。统计数据显示，小型企业对人才综合能力的要求达 65%以上，大中型企业仅为 42%左右。这表明小型企业需要技术面宽、操作技能强且具有组织能力的复合型人才，以适应其发展需求。小型企业通常更注重人才的实践经验和能力，而不是仅看重学历或理论知识。因此，在招聘过程中，小型企业更倾向于选择具有实际工作经验的人才，而不太注重应聘者的学历背景。此外，大中型企业与小型企业在技术要求方面也存在差异。大中型企业由于技术实力雄厚，通常更注重技术创新和研发，因此对人才的技术要求也相对较高。小型企业则更注重技术的实用性和成果转化效益，对人才的技术要求相对较低。但随着小型企业的发展壮大和技术升级，其对人才的技术要求也会逐渐提高。

从职业教育办学层次及定位的角度来看，职业本科（或应用型本科）院校、高职高专院校、中职/技工学校等各有其侧重点和定位。职业本科（或应用型本科）院校主要定位于培养具备技术研发与成果转化能力的高层次技术技能人才，旨在为学生提供扎实的理论知识和实践经验，使其能够胜任技术研发、创新及成果转化等方面的工作。职业本科院校通常会与企业、研究机构等合作，为学生提供技术实践和科研实习的机会，加强技术研发和创新能力的培养。高职高专院校定位于培养具备技术创新能力的复合型技术技能人才，注重培养学生的实践操作技能和创新能力，使其能够快速适应企业生产和技术创新的需求。高职高专院校通常会根据行业需求调整课程设置和教学方法，加强实践教学和校企合作，提高学生的实践操作能力和创新能力。中职/技工学校则主要定位于培养服务生产第一线的高素质技术技能人才，注重培养学生的基本职业技能和实践操作能力，使其能够快速适应企业生产一线的工作需求。中职/技工学校通常会与企业合作，为学生提供实习机会，加强实践操作能力的培养。同时，学校还会开展职业道德教育，培养学生的职业素养和团队合作精神。然而，在实际的人才培养过程中，一些职业院校未能充分考虑行业人才需求的层次差异。一些中职/技工学校过于注重理论教学，未能充分培养学生的实践操作能力；而一些高职高专院校则过于强调技能培训，忽视对学生创新思维和研发能力的培养。这种“一刀切”的培养模式导致职业院校人才培养定位区分度不高，缺乏特色。为了更好地满足行业对不同层次人才的需求，各个层次的院校都应该明确自己的定位和使命，制定更加符合市场需求的人才培养方案。政府和社会也应该加大对职业教育的投入和支持力度，鼓励各个层次的院校发挥自己的优势和特色，为我国技术技能人才培养事业做出应有的贡献。

4.1.3　课程体系设置与职业岗位能力需求匹配存在偏差

随着物联网技术的不断发展，企业对物联网相关岗位的需求也在持续增长。调查数据显示,企业需求的物联网相关岗位 Top10 主要包括物联网软件开发工程师(Java 方向)、物联网销售经理、物联网技术支持工程师、物联网集成实施工程师、物联网售前工程师、物联网嵌入式开发工程师、物联网单片机开发工程师、物联网运维工程师、物联网项目经理,如图 4-3 所示。这些岗位覆盖了从物联网技术研发到市场营销的各个环节,为企业的物联网发展提供必要的人才支持。

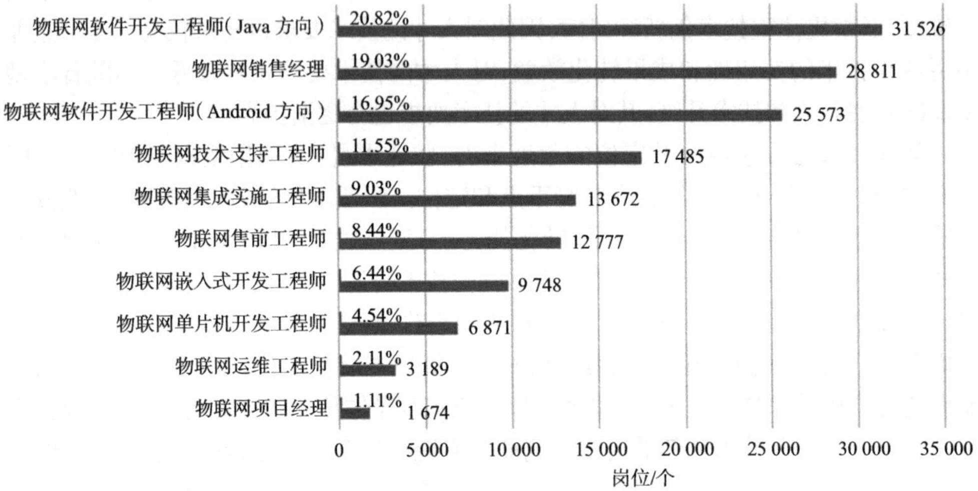

图 4-3　物联网企业需求岗位 Top10 情况

然而,在高职高专院校和中职/技工学校中,物联网相关专业的课程设置与企业的实际需求存在一定的差异。如图 4-4 所示,高职高专院校物联网相关专业开设的课程方向主要侧重于传感器技术、单片机技术、嵌入式技术、自动识别技术、C#/Java 程序设计,占比均超过 44%。这些课程主要是为了培养学生的编程和嵌入式系统开发能力,而工程造价与评估、工程项目管理、数据分析与可视化等课程的占比较少。高职高专院校的课程基本能满足物联网软件开发和嵌入式系统相关岗位需求,但在工程管理和项目运营方面的培养力度略显不足。

相比之下,中职/技工学校开设的物联网相关专业课程更为有限。如图 4-5 所示,中职/技工学校开设最多的课程是传感器技术、物联网编程基础、单片机技术、电子技术基础、物联网概论,占比均超过 50%。这些课程旨在培养学生的理论知识和基本技能,使其具备从事物联网相关工作的基本能力。中职/技工学校的课程设置在深度和广度上可能不如高职高专院校,对于高级技能和复杂系统应用能力的培养还有待加强。

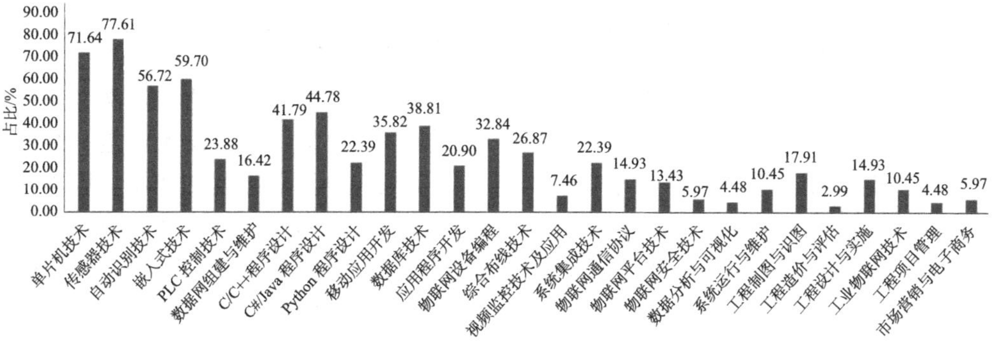

图 4-4　高职高专院校物联网专业的专业核心课设置情况

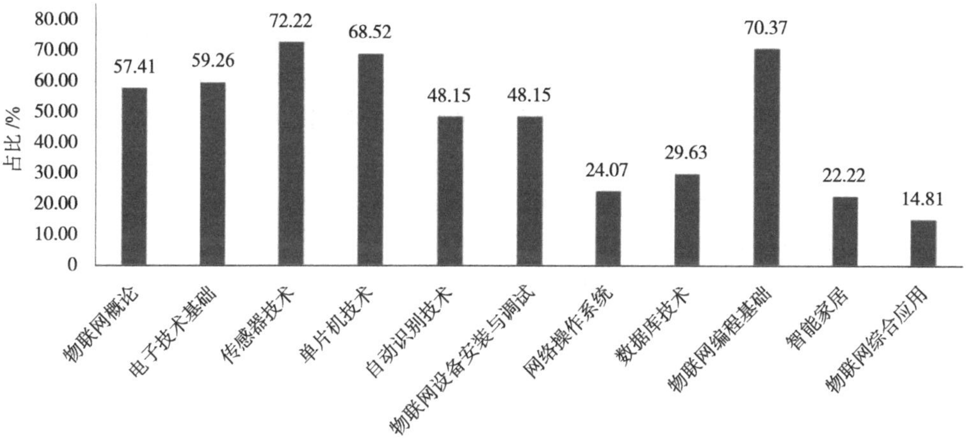

图 4-5　中职/技工学校物联网相关专业的专业技能课设置情况

总体来看,职业院校的课程基本能满足物联网软件开发和嵌入式系统相关岗位需求,但在工程管理和项目运营方面的培养力度略显不足。随着物联网技术的不断发展和企业对于人才需求的不断变化,职业院校应该及时调整课程设置和教学内容,增加工程管理、项目运营等方面课程的开设数量,提高学生的综合素质和实际操作能力。此外,职业院校还可以增加数据分析与可视化、云计算平台应用等方面的课程,以培养学生的大数据分析和云计算能力;加强项目管理和工程实施方面的培训,以提高学生的实际操作能力;开设更多的实践课程和校企合作项目,让学生在实际工作中提高能力。企业也应该与职业院校加强合作,共同制定人才培养方案,确保人才培养与企业需求相匹配。

4.1.4 专业培养基础与企业职业能力培养需求存在矛盾

调研数据显示,学生基础/学习态度、教师团队数量/水平是制约物联网专业发展最为主要的因素。为培养高水平的技术技能人才,教师团队建设无疑是一个核心要素,教师团队数量/水平对于物联网专业的发展起到至关重要的作用。以本科学校为例,如图 4-6 所示,有 88.24%的学校将"教师团队数量/水平"视为影响专业发展的关键要素,这一比例居所有影响因素之首。这意味着,对于大部分本科院校来说,物联网专业的师资问题已经成为一个不容忽视的问题。同样的情况也出现在高职高专院校和中职/技工学校中,分别有 77.78%和 68.42%的学校将师资问题列为影响专业发展的主要因素。这些数据进一步表明,无论在哪一个教育层次,师资队伍问题都是制约物联网专业发展的重要因素。为什么师资队伍问题会如此突出呢? 首先,物联网作为一个新兴的、技术密集型的领域,对教师的知识结构和技能水平要求极高,而这样的人才在当前的教育体系中相对稀缺。其次,好的师资队伍并不是一蹴而就的,它需要时间的积累和持续的培养,在技术飞速发展的背景下,如何快速地培养出一支既懂理论又有实践经验的师资队伍,是摆在各院校面前的一大难题。综上所述,师资队伍的配置不够理想是目前开设物联网专业的各层次院校所面临的普遍问题,为解决这一问题,各院校应加强师资队伍建设,提高教师的专业素养和实践能力,以满足物联网专业发展的需求。

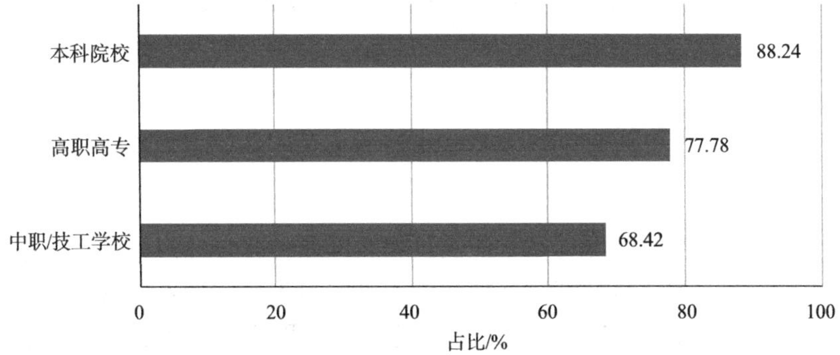

图 4-6 教师团队数量/水平对专业发展的制约影响情况

学生基础薄弱也是影响人才培养质量的关键因素之一,尤其在物联网这样的高科技领域。如图 4-7 所示,对于本科院校而言,有 47.06%的院校认为"学生基础薄弱"是影响物联网专业发展的重要因素,这一比例虽然相较于师资队伍建设问题稍低,但仍不容忽视。在高职高专院校中,这一比例升高至 81.48%,高职高专院校的学生相较于本科生,通常在知识储备和实践能力方面有所欠缺,因此在高职高专院校层面，学生基础薄弱对物联网专业发展的影响更为突出。中职/技工学校的情况同样不容乐观，高达 73.68%的学校认为学生的基础知识水平是制约专业发展的主要因素，这意味着在这些学校中，学生基础知识薄弱的痛点已经严重影响物联网专业的教学质量和人才培养。究其原因，随着高等教育的普及，学生生源的多样性导致知识水平参差不齐。物联网领域涉及的知识面广泛，从电子工程、计算机科学到软件开发、网络安全等，要求学生的基础知识储备足够扎实和全面。因此，要提升物联网专业的人才培养质量，除了加强师资队伍建设外，各院校还应注重提高学生的基础知识水平。

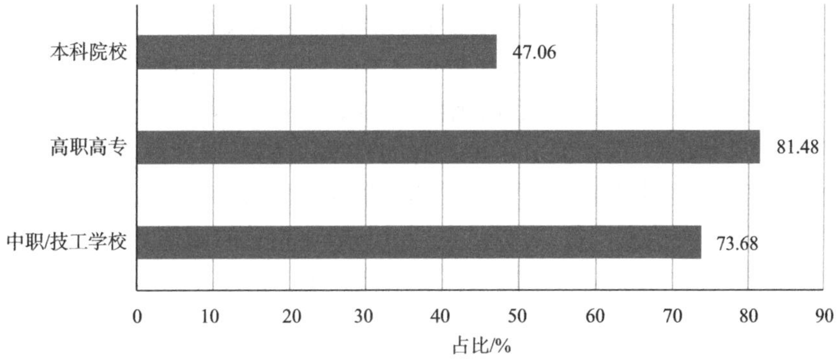

图 4-7　学生基础/学习态度对专业发展的制约影响情况

院校技术技能人才培养的水平、质量与企业所需人才的职业能力之间的匹配度不高，这严重影响了企业对应届毕业生的招聘需求。根据调研数据，物联网企业在近三年的招聘岗位中，招聘比率在 50%左右的企业数量占比不足 5%，超过 50%的企业招聘应届毕业生的比率不足 5%。通常情况下，应届毕业生在上岗前普遍需要进行较长时间的岗前培训和适岗训练，这大大增加了企业的用工成本，降低了企业招聘应届毕业生的意愿。根据调研数据，超过 82.39%的企业希望院校能够投入一定的师资力量，开设有关拓展课程以便对应届毕业生进行适岗技术培训；85.54%的企业希望院校在人才培养中强化与企业的实质性合作，切实增加学生到企业顶岗实习实践的机会，以便提高应届毕业生的实践能力。

4.1.5　院校专业布局与区域产业发展规划匹配不够充分

根据调研数据，重庆市职业院校在物联网专业的设置上，普遍存在与区域产业发展规划匹配不均衡的问题。很多学校在开设物联网专业时，没有进行深入的市场调研，也没有与当地的物联网企业进行充分的交流与合作。这导致人才培养方向不明确，课程设置缺乏针对性，学生所学的知识与实际市场需求存在较大的差距。一些学校在物联网专业设置上追求大而全，涵盖从传感器技术、网络通信、数据处理到应用开发等多个领域。然而，这种广泛的覆盖面往往意味着每一方面都难以深入，学生在这样的课程体系下很难真正掌握核心技能。此外，由于缺乏与本地企业的合作与交流，学校对于行业内的最新技术和发展趋势缺少了解，这使得人才培养的质量大打折扣。部分学校的物联网专业办学规模较小，影响力不足。这不仅影响了学生就业，也使得学校在专业建设上缺乏足够的资源和动力。根据近几年的招生数据，部分学校的物联网专业每年的招生人数只有几十人，这与重庆市庞大的物联网市场需求形成鲜明的对比。

为了解决这些问题，职业院校需要更加深入地参与区域产业发展。首先，学校应该加强与本地物联网企业的合作，了解企业的实际需求，明确人才培养的方向。通过与企业合作开展项目，学校可以为学生提供更多的实践机会，让他们在实践中学习和成长，还可以邀请企业参与课程设计，确保课程内容与行业需求紧密结合。其次，学校在开设物联网专业时，需要充分考虑自身的资源和优势，不盲目追求热门专业，依托自身的优势学科，办出有特色的专业。如果学校在数据处理和分析方面有较强的师资力量和较齐全实验室设备，可以重点开设与数据相关的课程，如大数据分析、云计算等。通过这样的方式，学校不仅能够培养出更符合市场需求的人才，也能够提升自身的品牌影响力。最后，政府和行业协会应该在专业布局与区域产业发展规划的匹配上发挥更大的作用。政府可以出台相关政策，鼓励和引导学校与企业合作，在资源上为学校提供更多的支持。行业协会可以组织更多的交流活动，让学校和企业能够更好地了解彼此的需求和期望。

4.1.6 专业能力评价与职业岗位技能考核衔接不够紧密

随着物联网行业的迅猛发展，相关岗位的需求日益明确和规范。在人才供给方面，职业院校的物联网专业（群）学生的职业能力认证体系建设仍处于摸索阶段，这与行业的发展速度不匹配。统计数据显示，物联网行业对人才的需求主要集中在技术、研发和运维等方面。其中，技术类岗位（嵌入式开发、传感器技术等）需要具备扎实的软硬件技术基础；研发类岗位则需要具备较强的创新能力，能够开展跨领域的系统集成和应用开发；运维类岗位则需要具备网络通信、数据处理等方面的技能。然而，对于大多数职业院校而言，现有的专业教学和实训条件难以完全满足这些岗位的技能需求。一方面，物联网技术的应用领域广泛，涉及多个学科领域的知识，需要学校在课程设置和教学资源上更加丰富和多元化。另一方面，由于物联网行业的发展时间相对较短，部分学校的师资力量和教学资源还不够完善，缺乏与行业同步的实践经验和技能培训体系。

为了解决这一问题，职业院校需要加强与物联网企业的合作与交流，深入了解行业的发展趋势和岗位能力需求，优化自身的专业设置和课程内容。学校可以与企业合作开展课程设计，引入企业的项目和借鉴企业经验，增强学生的实践能力和就业竞争力。学校还可以邀请企业专家参与教学和实训环节，提供更加贴近实际的技能培训和职业指导。构建完善的职业能力认证体系也是至关重要的。学校应该根据物联网行业的特点和发展趋势，制定符合行业标准的职业能力评价体系，包括知识技能、实践能力和职业素养等方面。通过开展职业能力认证，学校可以更好地了解学生的实际能力和就业需求，为企业提供更加符合岗位需求的优秀人才。政府和行业协会应加强对物联网行业的支持和引导，推动职业能力认证标准的制定和实施。政府可以出台相关政策，鼓励学校与企业合作开展人才培养和实训项目；行业协会则可以组织更多的交流活动和技术培训，为学校和企业提供更多的资源。

4.1.7　校企合作开展人才培养各方积极性有待切实提升

职业院校与企业之间的校企合作在人才培养方面至关重要，对重庆市 63 所开设物联网专业的各类院校的调研数据显示，有 39 所学校将校企合作视为改进本专业人才培养的重要途径。对企业进行的调研数据显示，在有校企合作意愿的企业中，超过 50%的企业表示愿意参与项目合作开发，意愿高达 78.66%，如图 4-8 所示。然而，调研发现尽管校企之间的合作项目数量较多，但合作的深度往往不够。采取的合作模式主要为共建校内、校外实训基地和开设订单班培养等，更深层次的合作模式，如现代学徒制、新型学徒制、共建产业学院、共建教师发展中心、共建产教融合平台等，尚未得到充分发展和深化。目前，存在的最主要问题是行业企业尽管有积极合作的意向，但实际参与积极性不高，校企合作中呈现出“院校热、企业冷”的尴尬状况。

现代学徒制是一种注重实践技能培养和产业需求的人才培养模式。通过学校与企业之间的合作，将学生培养成适应市场需求的技术工人或专业人才。目前的校企合作中，现代学徒制的实施并不普遍，这可能是企业参与度不高、合作机制不够健全等原因导致的。在这种情况下，学校与企业之间在人才培养方面缺乏有效的沟通，无法充分发挥各自的优势，影响合作的深度和效果。

共建产业学院是一种以行业为导向、紧密结合实际产业需求的人才培养。这种模式可以更好地满足市场对人才的需求，为学生提供更加符合行业标准的教育培训。当前的校企合作中，共建产业学院的案例相对较少，这使得学校的教学内容和方法可能与实际产业需求存在较大差距，影响学生的职业发展。

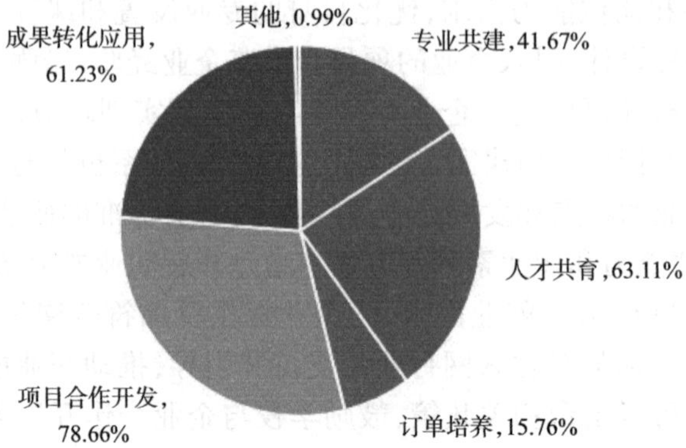

图 4-8　企业校企合作意愿

共建教师发展中心是指学校与企业共同建立教师培训和职业发展平台，旨在提升教师的专业水平和教学能力。在当前的校企合作中，共建教师发展中心的建设和发展还比较薄弱，这可能导致教师的教学水平提升较慢和对行业了解程度不足，影响他们对学生的指导和培养。

共建产教融合平台是指学校与企业共同建立教学、科研和产业服务平台，旨在促进产学研深度融合，推动科技成果转化和人才培养。目前这方面的合作还较为稀缺，这导致学校和企业之间在教学资源共享、科研项目合作等方面存在一定的隔阂，影响了校企合作的深度和广度。

校企合作中企业与职业院校在开展人才培养方面缺乏有效的沟通，政府及主管部门需要加强引导，提升校企合作的数量和质量。一方面，可以出台相关政策，鼓励企业参与校企合作，推动合作模式的创新和发展。另一方面，可以加大对校企合作项目的支持力度，提供必要的资金和资源支持，促进合作项目顺利实施。还可以建立健全校企合作的机制和平台，为合作双方提供更多的交流和合作机会，推动校企合作关系的深入发展。这些举措，可以更好地促进校企合作，推动职业教育与产业需求的有效对接，为学生的职业发展提供更好的支持和保障。

4.1.8　专业人才培养过程中职业素质养成有待全面加强

随着物联网产业的迅猛发展，企业对人才的要求除专业知识和技能之外，也非常看重职业素养，希望院校注重培养学生的职业素养和职业发展规划能力。调研数据显示，90.08%的企业认为院校应提高学生实践能力，75.45%的企业认为院校应增加学生到企业实习的机会，68.34%的企业认为院校应重视学生职业素养培养，61.22%的企业认为院校应加强学生理论知识的深度，35.98%的企业认为院校应提供充分的就业指导，如图 4-9 所示。提升学生实践能力及增加学生到企业实习的机会是校企双方的一致共识。受限于资金、师资、校企合作的深度与广度等因素，这仍然是院校人才培养中正在克服的一道难关。受社会责任和自身条件限制，院校在培养人才时需要考虑整个社会的需求，拓展学生的知识广度。然而，目前仍有许多院校未能在有限的学制内有效平衡教学的广度和深度。

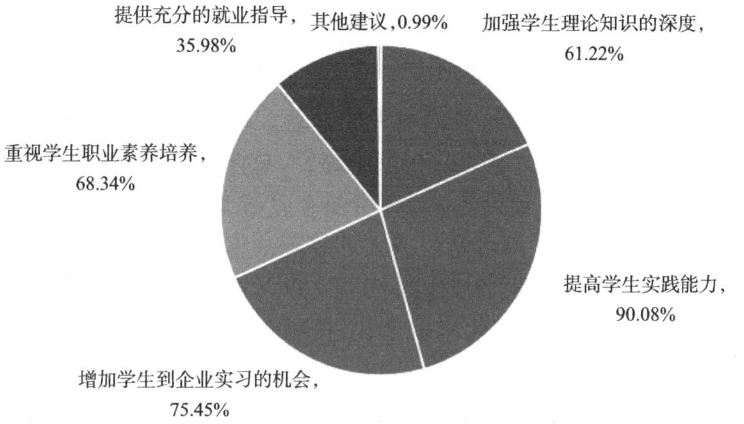

图 4-9　企业对院校物联网人才培养的需求

从微观层面来看，从业者的职业素养在物联网行业中具有重要意义。这些素养包括职业道德、敬业精神、应变能力、创新思维、文化认同、团队意识、抗压能力、动手能力以及学习能力等方面。特别是在物联网行业这样一个处于发展早期、不断开拓和探索的阶段，应变能力和创新能力显得尤为关键。从业人员需要不断适应多变的业务环境，同时具备开拓业务、推动行业发展的创新思维。对职业院校和企业的调研发现，目前许多职业院校对学生职业素质的培养尚未达到企业的期望水平。企业更希望高校能够加强学生的学习能力、创新能力等关键素质的培养，同时注重培养学生的爱岗敬业精神。这反映了当前职业教育在职业素质培养方面还存在一些不足之处。

职业院校在教育教学过程中需要更加重视对学生职业素质的培养。除了传授专业知识和技能外，还应注重培养学生的综合能力，包括应变能力、创新思维、团队合作意识等。教学内容和方法应与行业需求紧密结合，注重培养学生的实践能力和问题解决能力。同时，建立更加有效的评价机制，及时发现和解决学生在职业素质方面存在的问题，促进学生全面发展。此外，还应加强与企业合作，开展实践教学、实习实训等活动，让学生更好地了解企业的运作模式，进而培养满足行业发展需要的职业素质。这些措施，可以有效提升学生的职业素质，更好地满足企业的需求，促进人才培养与行业发展的良性互动。

4.2 人才培养与发展应对策略

我国在产业政策上积极支持物联网行业发展，通过优化产业生态布局、构建标准体系、完善技术创新体系和推进物联网规模应用等举措，为物联网行业的健康发展创造良好的政策环境。在国家产业转型升级政策的大力支持下，物联网行业得到了蓬勃发展，这对职业院校的人才培养提出了新的要求和挑战。特别是与产业关系更为紧密、更为直接的职业教育领域，其影响尤为显著。结合业界相关研究成果看，物联网行业领域发展对职业院校人才培养的影响路径，总体上表现为：国家和地方产业发展战略目标—行业企业发展定位与策略—企业生产经营技术路径—职业岗位配置与人才规格—专业设置与人才培养定位—人才培养规格与培养模—专业（群）建设标准—人才培养机制创新。职业院校作为技术技能人才培养的主要阵地，应根据产业技术发展、岗位变化和人才规格要求的变化，按照专业设置与产业需求对接、课程内容与职业标准对接、教学过程与生产过程对接的要求，调整专业结构和布局，不断提高物联网相关专业建设与物联网行业产业结构之间的匹配度。

4.2.1 政府及主管部门加强政策引导，助力院校科学开展专业设置工作

在物联网行业的发展中，政府及主管部门在政策引导上扮演着重要角色。我国物联网行业应用主要采用以政策驱动为主，企业自发落地为辅的模式。由于物联网产业的快速发展以及各地方、企业对其重视程度的不同，产业发展存在着差异化和碎片化的问题。在推动物联网产业发展过程中，政府及主管部门扮演着重要角色，需要加强政策引导，助力职业院校科学设置专业，以推动物联网行业的健康发展。

首先，政府应充分发挥市场在资源配置中的决定性作用，强化企业市场主体地位，以需求为导向，激发企业推进物联网产业发展的内生动力。政府可以通过制定相关政策，鼓励企业加大对物联网技术的研发投入力度，推动技术创新和产业升级。政府还可以通过税收、财政支持等方式，鼓励企业加大对物联网领域的投资力度，并提供相应的政策扶持，以促进物联网行业的健康发展。

其次，政府应加强对物联网产业发展的规划布局和政策引导，形成公平竞争的发展环境。针对物联网产业碎片化的问题，政府可以推动建设一批物联网产业公共平台，提供资源整合、技术支持、政策咨询等服务，降低企业进入门槛，防止行业内部竞争加剧，推动物联网行业良性发展。

再次，政府需要制定物联网产业发展的全国性或区域性发展规划，避免各省（区、市）之间的无序竞争和恶意竞争。政府可以根据各地区、行业和企业的实际情况，制定有针对性的发展规划，明确物联网产业的发展重点和方向，为行业的健康发

展提供有力的政策支持和引导。

最后，针对职业院校的专业设置，政府及相关部门应该结合区域产业发展的实际情况和规划，加强对人才需求的预测和分析，及时发布权威人才需求预测报告，为职业院校的专业设置提供科学依据。政府应建立健全技术技能人才培养与发展保障制度，为职业院校提供更多的政策和经费支持，确保其能够开展适应市场需求的专业设置和人才培养工作。

在政府的政策引导下，职业院校可以加强与企业合作，根据市场需求和行业发展趋势，开设更加符合实际需要的专业。政府还应加强对职业院校的指导和支持，鼓励其加强师资队伍建设，提高教学水平，不断完善课程设置，培养更多符合市场需求的高素质人才，为物联网行业的持续发展提供坚实的人才支撑。

4.2.2　发挥宏观统筹及调控指导作用，鼓励企业积极参与职业教育

在物联网行业发展的背景下，国家及地方普遍成立了物联网行业协会或产业协会等行业组织，同时设立了工业和信息化部教育与考试中心、全国工业和信息化职业教育教学指导委员会等组织。这些组织的成立旨在发挥行业协会熟悉行业、了解企业的优势，推广先进管理模式，加强行业自律，防止产生无序和恶性竞争现象。各相关行业协会通过指导企业深化改革、抓好技术创新、人才培养，及时反映企业诉求，反馈政策落实情况，积极宣传和帮助企业用足用好各项政策，推动整个物联网行业健康发展。

这些行业组织不仅在行业内起到重要引导作用，同时也在校企之间扮演桥梁和纽带的角色。通过搭建校企信息共享平台，及时发布企业与学校的供需信息，这些行业组织能够打通校企之间的信息通道。通过聚焦物联网产业的发展要求，这些行业组织能够根据相关产业的布局及变革趋势，积极开展物联网领域技术技能人才的需求预测，对技术技能人才培养提出指导性意见。

进一步地，应充分发挥这些行业组织的作用，动员和鼓励行业深入开展校企合作，深化产学研用结合。根据产业发展变革的新需求，它们能够在充分调研的基础上，组织实施行业重点观测专业（方向）创新建设、新型“双师”专业素养与能力培养等项目，以满足物联网行业对高素质技术技能人才的需求。这些行业组织需要主导构建基于物联网技术标准、岗位能力要求的多元人才培养评价制度，以保障人才培养的质量。

在政府的引导下，这些行业组织应当积极履行指导和促进物联网技术技能人才培养的职责和使命，通过不断提高工作质量和服务水平，努力推动物联网行业的健康发展。通过与政府及主管部门的密切合作，这些行业组织在物联网行业的发展中可以发挥积极的作用，助力物联网技术技能人才培养的顺利进行。

4.2.3 建立区域专业建设发展共同体,优化院校专业结构层次布局

在促进物联网专业发展的过程中,建立区域物联网专业建设共同体(以下简称共同体)是至关重要的。共同体通常由政府、行业、企业、学校、产业园、科研院所、毕业生代表等多方构成,旨在充分发挥各方作用,优化院校专业结构布局,促进物联网产业人才培养和人力资源供需的平衡。

首先,政府和行业在共同体中扮演着调控和指导的角色。政府提供政策支持和资源保障,引导物联网专业的发展方向,建立物联网行业人力资源统计、预测、供求信息发布制度,以便更好地了解市场需求和人才供应情况。行业积极参与共同体,提供市场需求和技术趋势信息,指导学校进行专业设置和课程调整,确保人才培养与行业需求契合。

其次,学校作为人才培养的主体,在共同体中承担着重要的责任。学校需要与政府和行业密切合作,结合物联网产业区域发展需要和学校实际需求,及时调整物联网专业的结构布局。通过与行业合作,建立起信息综合共享平台,促进人才培养和行业需求的对接。学校还应加强与企业和科研院所的合作,促进产学研深度融合,提升人才培养的实践性和适用性。

再次,企业和产业园区也是共同体中不可或缺的一部分。企业应积极参与人才培养的过程,为学生提供实践机会和就业渠道。产业园区可以提供实践基地和资源支持,促进学校与企业之间的合作,深化产学研用结合。

最后,毕业生代表作为重要的利益相关者,应该在共同体中发挥积极作用,反馈就业市场的需求和就业情况,为学校调整专业结构和改进教学模式提供建议和意见。

通过共同体,各方可以形成良好的合作机制,充分发挥各自的优势,共同推动物联网专业的健康发展。这种多方合作的模式有助于优化人才培养的结构布局,提高人才培养的质量和效率,为物联网产业的发展提供坚实的人才支撑。

4.2.4 制定激励机制,鼓励产教协同育人,推动企业发挥人才培养主体作用

在推动物联网行业人才培养方面,企业应当承担更多的主体责任,与职业院校密切合作,建立产教协同育人的机制。

首先,企业可以依托自身的优势资源,与学校共同建设物联网技术技能人才教育培训基地,为学生提供实践机会和培训课程。政府可以出台相关政策,鼓励企业参与职业教育,如通过开展股份制、混合所有制办学,提高职业院校的办学自主权,激发企业参与的积极性。

其次，应进一步完善并推进产教融合型企业的认证范围和条件，鼓励更多企业参与职业教育，并将其纳入产教融合型企业培育范围，享受相应的政策支持。构建校企合作长效机制，逐步提高企业参与办学的程度，确保产教融合的深度和广度。

再次，企业应该从发展物联网的战略需求出发，加大资金投入力度，积极构建职工教育培养培训工作体系和保障机制，为智能化转型提供人才支持。企业可以设立专门机构及指派专门人员负责职工教育培训工作，与职业院校建立紧密联系，为学生实习和教师实践提供岗位，实施现代学徒制和新型学徒制人才培养模式。

最后，企业还应充分利用自身资源，与学校共建产业学院、混合所有制学院等，共同投入、共同建设、共同管理、互享资源、互享人才、互享成果，实现校企共建、校企共享的目标。校企双方共同努力，打造校企命运共同体，建设一批兼具生产与教学功能的校企协同创新基地，推动物联网企业积极发挥人才培养主体作用，为行业的可持续发展做出贡献。

总之，通过制定激励机制，建立产教协同的育人机制，推动企业发挥人才培养主体作用，可以有效地促进物联网行业人才培养的深度和广度，提高人才培养的质量和效率，为行业的发展提供有力的人才支撑。

4.2.5　面向职业岗位开展实时数据跟踪，优化人才培养课程教学体系

在物联网产业蓬勃发展的背景下，职业院校需要与行业协会、共同体紧密合作，对接国家和区域经济发展规划以及产业政策，以满足行业对技术技能人才的需求。通过建立专业化的数据跟踪与分析研究平台，持续跟踪和分析专业岗位的技能需求和变化趋势，优化人才培养课程及教学体系，以适应物联网产业快速发展的需求。

首先，与行业企业及相关专业领域的院校合作，探索搭建支撑专业群“平台+模块”课程体系的数据跟踪与分析平台。这个平台的功能包括收集、整理和分析行业领域技术技能人才需求、职业岗位设置、岗位能力要求等数据，为职业院校的课程体系建设和教学模式构建提供科学依据。

其次，定期跟踪分析区域物联网产业链，调研典型岗位，分析各岗位所需的通用能力和专业能力，包括对不同等级技能证书的考核要求进行研究，以及与之相匹配的教学内容和教学过程的设计。通过将岗位需求与教学内容相匹配，确保学生在校期间所学的知识和技能符合实际工作岗位的要求。

最后，建立专业人才培养课程教学体系的动态调整机制，及时将新技术、新工艺、新规范纳入教学内容。要求课程体系和教学过程具有动态更新的能力，能够根据行业发展和技术变化及时调整课程内容，确保课程体系与产业链升级和技术发展同步。这种动态调整机制可以通过与行业协会、企业和共同体的合作实现，确保人才培养的质量和时效性。

综上所述,建立专业化的数据跟踪与分析平台,并在此基础上优化人才培养课程教学体系,是职业院校适应物联网产业发展需求、提高人才培养质量和效率的关键举措。这需要行业、政府和学校之间密切合作,共同推动物联网人才培养体系的不断完善和创新。

4.2.6 对标职业工作过程创设育人情境,推进专业群模块化教学改革

针对专业群所面向的行业领域,需要精准把握行业的发展动态和需求变化,确保育人情境与实际工作紧密对接。通过对专业群模块化教学的精准设计和有效实施,可以更好地满足行业对人才的需求,培养出符合行业发展的高素质人才。这种教学模式能够提高职业教育的质量和效率,推动产业和教育良性互动。

首先,必须对行业内典型技术应用的最新进展有清晰的了解,包括新技术、新工艺和新规范等。这种了解基于对行业的深入研究和以数据的不断跟踪,只有紧跟行业发展的脚步,才能够确保职业教育的有效性和前瞻性。其次,需要密切关注行业典型职业岗位(群)的能力要求及其新变化,包括对职业能力、技术技能水平、工作方法等方面的要求进行深入分析,确保育人目标与行业需求相一致。在这个过程中,应将典型职业岗位(群)、岗位能力、“平台+模块”、教学资源、技能等级证书等要素有机结合,形成一个完整的教学体系。再次,为了确保教学体系的质量和有效性,需要引入行业技术专家、职教领域专家等进行指导。他们的专业知识和经验可以帮助职业院校理解行业需求,并在教学内容和教学方法的设计中提出建议。同时,也需要联合行业兼职导师、职业院校教师、优秀学生代表等各方,共同开展教学内容和教学过程的设计工作。在设计教学内容和教学方法的过程中,应该以岗位课程模块整体为研究对象,将典型职业岗位(群)的具体工作过程进行模块化教学转化。需要依据职业岗位工作过程系统设计教学单元和过程结构,并基于职业特征要素和完整思维步骤,开发教学单元,创设教学情境,设计基本知识结构、能力培养框架及其他教学过程结构。

基于职业工作过程的新型模块化教学是一种注重学习者参与和实践的教学方法,旨在将学习者置于真实的职业情境中,使其成为学习过程的中心或主体,全面掌握特定职业工作所需的知识和技能。这种教学方法考虑到不同学习者之间存在的个体差异,通过将学习情境拆分为粒度适当的、差异化的、便于独立评估的职业工作过程行动单元,促进每个学习者根据自身经验、特质、需求和发展阶段进行个性化学习,从而提高学习效果和满足个性化学习需求。在这种教学模式下,学习者被赋予了更多的自主学习权和学习责任,他们通过参与真实的职业情境和模拟的工作场景,深入了解实际工作过程的方方面面,从而更好地掌握解决特定职业工作问题所需的知识和技能。这种学习方式不仅能够提高学习者的学习积极性和主动性,还能够培养其解决问题和适应工作环境的能力,增强其在实际工作中的竞争力和适应性。

为了确保模块化教学的有效实施，需要构建完善的评价体系。评价体系应以职业能力清单和学习水平为核心内容，结合事前预判诊断性评价、面向过程形成性评价、成果导向总结性评价等多种评价方式，全面评估学习者在学习过程中的表现和取得的成果。评价指标应该具有多元化、多阶段、多粒度的特点，既要考虑学习者对不同阶段的学习表现，又要考虑学习者对不同技能和知识的掌握程度，以及解决实际问题的能力。由于技术领域的职业或岗位往往随着科学技术和经济社会的发展不断变化，职业工作过程具有整体性、动态性和普适性的特征。因此，评价体系需要具有动态性和灵活性，能够及时调整评价标准和指标，以适应行业和职业发展的变化。同时，评价体系也应具有科学性和客观性，确保评价结果的准确性和公正性，为模块化教学改革和运行过程提供有力支持。

4.2.7　基于“课堂革命”实施教法改革，促进结构化教师团队建设与发展

充分考虑专业领域技能要求、行业领域特色、教师能力特点等因素，探索以职业工作过程系统化为行动指向，对接专业群“平台+模块”课程体系中的岗位课程模块来组建结构化教师团队，建立健全集体备课、协同教研“双师型”教师教学团队运行机制，发挥企业导师、兼职教师、院校教师等教学实施主体在探索创新过程中的优势，形成群体协同的模块化教学教研合力，探索以学生为中心的模块化教学“课堂革命”与教法改革，促进学生在掌握工作中所需的知识、技能和方法的同时提升比较、迁移和内化能力。

首先，解决好教师团队多元差异和实效性较差的问题。基于相关原则及理论方法，探究专业群结构化教师团队的构建方法和路径，对接高水平专业群建设发展的需求，包括“平台+模块”“书证融通”课程体系重构，以及“课堂革命”与教法改革等方面的需求。基于团队构成的五大要素（目标、定位、职权、计划、人员），探究专业群课程模块结构化教师团队的组建模式。联合行业协会、领军企业、科研院所以及优势院校，以反木桶原理等理论方法为指导，探索专业群结构化教师团队的建设方法。在这一过程中，重点关注团队目标的确定、团队定位的明确、团队带头人的选择、团队成员的配置、成员责任的落实以及发展计划的制定等方面，寻求更符合现代职业教育改革和发展需要的团队建设路径。据此，将能够更好地解决有关问题，推动教师团队的专业化、协同化发展，为提升专业群教学质量和培养学生综合素质提供有力支持。

其次，解决好教师团队资源的有效配置问题。为应对挑战，建议制定专业群模块结构化教师团队合作机制，优化模块单元教师资源配置。以专业群课程模块化教学改革为核心，以工作过程系统化和教学内容项目化为行动指南，考虑到专业领域技术需求的广泛性和行业应用的多样性，根据专业领域技能要求、行业特色和教师能力特点，构建“双师型”教师教学团队作为核心（岗位）课程模块单元。制定专业群“双师

型”结构化教师团队合作机制，明确成员角色和团队分工职责，以确保团队成员的行业背景和技能优势与特定教学项目相匹配。通过充分利用团队教师的优势，实现模块单元教师资源配置的最优化，解决专业群结构化教师团队的资源有效配置问题。这一举措旨在提升教学质量，促进学生全面发展，推动专业群模块化教学的创新和进步。

再次，解决好教师团队过程评价与考核欠缺导向性的问题。推行团队协作模块化教学，建立“双师型”结构化教师团队任务实施方案，实现课程建设的统一协调、分工协作的精细优化，以及课程实施的百花齐放。建立健全“课堂教学—课程建设—团队建设”的逐层评价反馈机制，提升教学质量和团队建设效能。在人才培养方案制定、课程标准开发、教学流程构建、课程结构改造、课堂管理与课程评价等方面，根据“模块—课程—项目”的课程架构进行教学流程重构和教学项目再组织，结合 1+X 证书等职业标准要求实施模块化教学过程管理。最重要的是，探索建立以团队共同成长为导向的绩效评价机制，切实解决专业群结构化教师团队过程评价与考核欠缺导向性的问题，促进教学质量的提升，推动专业群模块化教学的不断改进和发展。

最后，解决好教师团队科学管理与结构优化的问题。需要在专业群内进行改革，摒弃传统的以专业为教学单位的层级管理框架，依托专业群基础平台及若干核心岗位模块来进行教学组织管理。从行政组织（专业建制）和教学组织（课程模块）两个维度探索建立矩阵式教学组织框架，引入 RACI 矩阵模型的理念，明确角色与职责。这一模型包含谁执行（Responsible）、谁负责（Accountable）、咨询谁（Consulted）、告知谁（Informed）四个矩阵元素，确保教学团队分工协作和进行高效的信息沟通。形成分工协作、高度共享的矩阵式组织管理模式，为教师团队的科学管理提供有效的运作机制。在探索新的管理框架的同时，考虑专业领域技能要求、行业特色以及教师个体的能力特点，以确保管理模式满足实际需求。在“模块—课程—项目”的教学架构下，推进团队协作模块化教学教法的实践。通过以核心（岗位）课程模块为单位的集体备课、协同教研、凝心聚力和共谋发展，营造积极向上的团队文化氛围，激发教师团队的创造力和合作精神，从而提升教学质量和教师队伍的整体水平。

4.2.8 顺应职业教育“类型教育”特征，建立健全贯通式人才培养体系

随着物联网产业的快速发展，我们必须认识到不同层次人才供需比例不平衡的现实。为了更好地满足物联网产业对不同层次人才的需求，应当建立健全贯通式人才培养体系，顺应职业教育的“类型教育”特征，同时提高人才素质和产业发展水平。

首先，需要构建一个纵向长学制技术技能人才培养体系，该体系包括中职、高职高专、本科及研究生在内的各个层次的人才。每个层次的人才培养都应该明确其培养目标，确保学生在完成学业后能够胜任相应的工作。为了实现这一目标，相关部门

应当制定相应的教学标准，并对各级院校的办学进行指导和监督，确保教学质量和培养效果。还应定期组织权威专家对相关标准进行审定和更新，以适应物联网产业快速发展的需求。

其次，在物联网相关专业建设中，应考虑跨阶段培养的需求，包括对中高职衔接、五年一贯制、专本贯通等不同培养模式的制定和完善。通过建立更加紧密的纵向衔接机制，实现不同学历层次之间的顺畅过渡，从而形成一个完整的人才培养路径。这样的跨阶段培养模式不仅有助于培养出更加符合物联网产业需求的人才，也可以提高人才的整体素质和竞争力。

最后，在横向层面上，还需要针对物联网领域的特点，与相关专业形成互有侧重点的衔接耦合。物联网产业的特点在于“多专业融合、多行业应用”，因此在人才培养方面也需要考虑到这一特点。不同专业之间的衔接应该是有机的、密切相关的，以确保学生在跨学科领域有所涉猎，能够适应物联网产业的发展需求。这需要院校在课程设置和教学组织上进行精心规划，结合实际情况进行灵活调整，使学生能够获得全面的专业知识和技能。

附　录

A　企业物联网人才状况调查问卷

各相关单位：

为进一步了解重庆市物联网技术技能人才从业现状及发展情况，突破企业人才需求的瓶颈，强化学校人才培养适应产业发展的需要，现面向各相关单位开展物联网人才状况调研。问卷数据仅用于研究，请您放心填写，再次感谢您的参与和支持！

1. 基本情况

单位名称：____________________

单位成立时间：________________

单位性质：____________________

单位注册地：__________________

人力资源联系人或负责人：__________

联系电话：____________________

邮箱：________________________

2. 2022 年物联网主营业务收入：______万元；占比：______。

2023 年物联网主营业务收入预计增长______%。

3. 贵单位人员规模。[单选题]

○ 50 人以下　○ 100 人以下　○ 200 人以下　○ 200 人以上

4. 贵单位物联网主营业务所属产业链。[多选题]

□芯片提供商　□传感器供应商　□无线模组（含天线）厂商

□网络运营商（含 SIM 卡商）　□平台服务商　□物联智能终端

□系统及软件开发商　□系统集成及应用服务提供商

□物联网安全解决方案　□其他 ______________

5. 贵单位物联网主营业务所涉及的比较重要的技术/工程领域有哪些？[多选题，最多选 15 个]

□芯片生产　□模组设计制造　□智能终端　□智能仪表

□电子测量技术　□单片机技术　□嵌入式技术/系统　□传感器技术

□ RFID 技术　□条码技术　□遥感技术（卫星物联网）

□定位技术　□传感网络/自组织网络　□ ZigBee
□ Wi-Fi 技术　□蓝牙技术　□ IPv4/IPv6　□ NB-IoT/LoRa
□ 4G/5G/6G 技术　□云平台技术　□大数据技术　□智能计算技术
□数据库技术　□物联网平台运营　□数据中心　□数据可视化
□ Android/iOS 开发　□物联网安全　□系统集成　□综合布线
□视频监控技术　□工程设计　□工程实施　□工程造价与评估
□项目管理　□其他 ________________

6. 贵单位物联网主营业务主要对接业务方向。[多选题]

□物联智能终端　□智慧仪表　□智慧城市　□数字乡村
□智慧农业　□智慧政务　□智慧医疗（公共卫生）　□智慧健康
□智慧文旅　□智慧交通　□智慧能源　□智慧环保
□智慧物流　□智慧教育　□智慧安全　□智慧安防
□智慧家居　□智能穿戴　□养老看护　□智慧物业
□智慧建筑/楼宇　□智慧地产/智能建造　□智能电网
□车联网　□碳中和　□工业互联网（智能制造）

7. 贵单位在物联网主营业务发展过程中面临的主要困难有哪些？[多选题，最多选 4 个]

□政策跟进滞后　□行业标准不统一　□产业模式不成熟
□市场无序竞争　□缺少人才和经验　□缺少核心技术
□缺乏资金　□基础设施落后　□其他 ________________

8. 贵单位与物联网相关的主要岗位类别设置有哪些？[多选题，最多选 4 个]

□运营管理类　□研究开发类　□系统/架构开发类
□产品开发类　□生产制造类　□设计/施工类
□技术支持（含运营维护）类　□市场营销类　□其他 __________

9. 贵单位已有的与物联网相关的各类岗位的学历结构情况（请选择各类岗位中占比最多的学历）。[矩阵多选题]

岗位类别	硕士研究生及以上	本科	高职高专	中职	其他
运营管理类	□	□	□	□	□
研究开发类	□	□	□	□	□
系统/架构开发类	□	□	□	□	□
产品开发类	□	□	□	□	□
生产制造类	□	□	□	□	□

续表

岗位类别	硕士及以上	本科	高职高专	中职	其他
设计/施工类	□	□	□	□	□
技术支持(含运营维护)类	□	□	□	□	□
市场营销类	□	□	□	□	□
其他类别	□	□	□	□	□

10. 贵单位与物联网相关的各类岗位的工作经验要求。[矩阵单选题]

岗位类别	不限制	1~3 年	3~5 年	5~10 年	10 年以上
运营管理类	○	○	○	○	○
研究开发类	○	○	○	○	○
系统/架构开发类	○	○	○	○	○
硬件开发类	○	○	○	○	○
软件开发类	○	○	○	○	○
测试类	○	○	○	○	○
数据类	○	○	○	○	○
网络类	○	○	○	○	○
生产制造类	○	○	○	○	○
设计/施工类	○	○	○	○	○
技术支持(含运营维护)类	○	○	○	○	○
市场营销类	○	○	○	○	○
其他类别	○	○	○	○	○

11. 贵单位与物联网相关的各类岗位人才规格/能力标准建设情况(请选择针对各类岗位已设置的人才规格/标准项)。[矩阵多选题]

岗位类别	能力标准	持证要求	绩效考核	梯队建设	职后培训	数字化管理	其他
运营管理类	□	□	□	□	□	□	□
研究开发类	□	□	□	□	□	□	□
系统/架构开发类	□	□	□	□	□	□	□

续表

岗位类别	能力标准	持证要求	绩效考核	梯队建设	职后培训	数字化管理	其他
产品开发类	□	□	□	□	□	□	□
生产制造类	□	□	□	□	□	□	□
设计/施工类	□	□	□	□	□	□	□
技术支持(含运营维护)类	□	□	□	□	□	□	□
市场营销类	□	□	□	□	□	□	□
其他类别	□	□	□	□	□	□	□

12. 贵单位对系统/架构开发类工程师的岗位能力要求有哪些？[多选题]
□熟悉物联网架构模式、技术技巧，能够准确无误地理解相关网络架构
□熟悉软件架构模式、概念技巧，能够准确无误地理解相关软件架构
□熟悉计算机网络架构、TCP/IP 协议，对通信和信息系统有一定理解
□熟悉 Wi-Fi、ZigBee、NB-IoT、LoRa 等无线通信技术
□对 M2M 业务有较深了解，对传感器和 RFID 应用十分熟悉
□熟悉 Linux/Windows 操作系统内核，并熟悉分布式系统设计和应用
□熟悉分布式系统设计和分布式存储架构，具有实际应用开发经验
□熟悉 OpenStack/CloudStack 云计算技术
□对数据结构、算法有较深入的理解
□具有物联网项目开发经验
□熟悉物联网行业应用
□熟悉 Xmind 等思维导图工具
□其他 ________________
13. 贵单位对硬件开发类工程师的岗位能力要求有哪些？[多选题]
□熟练掌握硬件原理图电路设计、PCB 设计等应用工具
□熟悉数字、模拟电路设计与调试
□熟悉单片机、ARM、DSP 等嵌入式硬件系统设计
□有电子电路、仪器仪表、自动化、射频识别及其他传感器相关知识
□有 ADC 设计经验和 EMC 经验
□熟练掌握 MCU 编程软件
□熟悉 Linux 操作系统
□熟悉 Android 系统

□熟练掌握 C/C++语言
□具有硬件系统开发经验
□其他 ________________
14. 贵单位对软件开发类工程师的岗位能力要求有哪些？[多选题]
□熟悉 MQTT/CoAP 协议
□熟悉 TCP/IP 协议
□熟悉 HTTP 协议
□熟悉 IPv4/IPv6 网络应用
□熟悉 WebService 框架
□熟悉 Servlet 框架
□熟悉 Spring 框架
□熟悉 Hibernate 框架
□熟练掌握 C 编程语言
□熟练掌握 C++编程语言
□熟练掌握 C#编程语言
□熟练掌握 Java 编程语言
□熟练掌握 Qt 编程语言
□熟练掌握 Python 编程语言
□熟练掌握.Net 编程语言
□熟练掌握 JSP 编程语言
□熟悉 MySQL 数据库
□熟悉 SQLserver 数据库
□熟悉 Oracle 数据库
□熟悉 FoxBase 数据库
□具有嵌入式系统开发经验
□其他 ________________
15. 贵单位对设计施工类人员的岗位能力要求有哪些？[多选题]
□熟悉物联网行业应用
□熟悉物联网技术基础
□熟悉物联网体系架构
□掌握电工技术
□熟悉电子技术
□能看懂工程图纸
□能绘制工程图纸

□掌握弱电施工技术
□掌握综合布线技术
□熟悉物联网常用设备安装、调试
□熟悉常用传感器接口电气参数
□熟悉常用通信模块主要参数及选型
□熟悉 Xmind 等思维导图工具
□熟悉 Visio、AutoCAD 等制图工具
□熟悉工程文档的撰写
□具有嵌入式系统开发经验
□具有物联网平台搭建与维护经验
□其他 ________________

16. 贵单位对运行维护类人员的岗位能力要求有哪些？[多选题]
□了解基本的网络知识
□熟悉物联网系统架构
□了解常见云计算、云服务等技术
□了解传感器、通信模块等技术
□熟悉常见的 Linux 系统（以 CentOS/Redhat 为主）及其故障处理
□熟练使用 Shell 脚本，熟悉 PHP、Perl、Python、Ruby 中的至少一种开发语言
□熟悉常见应用服务（Nginx、Tomcat、HAProxy、Redis、RabbitMQ）的配置维护及优化（如 NGINX 代理、负载均衡）
□熟悉 MySQL 数据库的部署配置和优化（读写分析、负载均衡、分布式数据库）
□熟练使用任意一种自动化管理工具
□熟练使用任意一种常见监控系统
□熟悉常用服务，DNS、FTP、HTTP、Mail 等
□熟悉各种虚拟化技术，如 KVM、Xen、OpenVZ 等
□有在虚拟化平台上维护或开发经验
□了解物联网安全和数据隐私保护技术
□了解系统常见故障分析和修复技术
□其他 ________________

17. 贵单位对生产制造类人员的岗位能力要求有哪些？[多选题]
□具备电子产品生产知识与技能
□了解物联网设备组装与调试技术
□了解物联网数据采集与监控技术
□具备 QoS 质量管理与控制能力

□具备过程监控与故障排除能力
□了解生产动态和生产管理知识
□熟悉常用加工工具
□熟悉常用电气仪表
□具备较强的沟通协调能力
□具备较强的计划执行能力
□具备认真的工作态度及敬业精神
□具备一定的改进意识与创新精神
□其他 ________________

18. 贵单位对售前售后支持类人员的岗位能力要求有哪些？[多选题]
□具有一定的专业知识和技术背景
□了解典型物联网产品或系统解决方案
□具有一定的产品故障诊断与排除能力
□善于发现现实与潜在客户的需求
□具有较强的逻辑思维能力并能快速理解用户需求
□能熟练运用 Excel、PPT 等办公软件
□能熟练运用 Xmind 等思维导图工具软件
□善于语言表达
□具有较强的观察应变能力
□具有较强的社交能力
□掌握市场营销基本知识
□掌握市场调查与预测的基本方法
□熟悉营销活动相关的经济法规
□具有较强的职业和道德素质
□其他 ________________

19. 贵单位对物联网相关从业人员的职业素质和通用素养的要求有哪些？[多选题]
□具有良好的新一代信息素养
□具有持续学习和深化发展的意愿
□具有良好的创新意识和进取精神
□崇尚劳模精神和工匠精神
□具有较强的责任心和敬业精神
□具有沟通协作和团队协调能力
□具有学习新技术及获取、处理、使用信息的能力

□具有发现问题、分析问题、解决问题的能力

□具有良好的语言、文字表达能力和沟通能力

□具有一定的哲学思维、数据思维、互联网思维能力

□其他 ________________

20. 贵单位对物联网相关从业人员的基本专业和知识要求有哪些？[多选题]

□熟悉岗位相关的法律法规及环境保护、安全消防、文明生产等知识

□掌握电工、电子技术基础知识

□掌握传感器、自动识别技术、感知节点等感知设备的原理和应用方法

□掌握单片机、嵌入式技术相关知识

□掌握无线网络相关知识

□掌握物联网系统设备工作原理和设备选型方法

□掌握物联网运营平台应用与基础管理知识

□掌握物联网应用软件开发技术和方法

□掌握物联网平台信息安全基础知识

□掌握项目管理的相关知识

□了解物联网相关国家标准和国际标准

□掌握感知层数据采集知识

□掌握物联网组网、综合布线及系统集成知识

□掌握物联网工程项目实施基本方法

□其他 ________________

21. 贵单位对物联网相关从业人员的应用能力和实践能力要求有哪些？[多选题]

□具有新一代信息技术应用能力

□能阅读并正确理解需求分析报告和项目建设方案

□具有物联网相关设备性能测试和检修能力

□具有物联网硬件设备的安装与调试能力

□具有物联网网络规划、调试和维护能力

□具有安装、调试和维护物联网系统软硬件操作系统的能力

□具备物联网应用系统界面设计和应用程序设计的基本能力

□具备物联网应用系统规划的基本能力和工程施工管理能力

□具备物联网运营平台应用与管理的基本能力

□具备物联网平台信息安全应用的基本能力

□具备物联网组网能力

□具备嵌入式开发能力

□具备物联网系统部署与运维能力

□具备物联网工程设计与管理能力

□其他＿＿＿＿＿＿＿＿

22. 贵单位现从事物联网相关工作人才性别结构占比:男性＿＿＿＿%,女性＿＿＿＿%。

23. 贵单位现从事物联网相关工作人员主要年龄分布情况。[多选题]

□≤25 岁　□ 26~30 岁　□ 31~35 岁　□ 36~40 岁　□≥41 岁

24. 近三年贵单位物联网相关各类岗位招聘要求(请点击选项后填写相关人数)。[矩阵多选题]

岗位类别	研究生	本科	高职高专	中职	其他
运营管理类	□	□	□	□	□
研究开发类	□	□	□	□	□
系统/架构开发类	□	□	□	□	□
硬件开发类	□	□	□	□	□
软件开发类	□	□	□	□	□
测试类	□	□	□	□	□
数据类	□	□	□	□	□
网络类	□	□	□	□	□
设计/施工类	□	□	□	□	□
技术支持(含运营维护)类	□	□	□	□	□
市场营销类	□	□	□	□	□
其他类别	□	□	□	□	□

25. 近三年贵单位物联网相关各岗位平均年薪。[矩阵单选题]

岗位类别	5 万以元下	5 万~8 万元	8 万~12 万元	1 万~16 万元	16 万~20 万元	20 万~30 万元	30 万元以上
运营管理类	○	○	○	○	○	○	○
研究开发类	○	○	○	○	○	○	○
系统/架构开发类	○	○	○	○	○	○	○
技术/产品开发类	○	○	○	○	○	○	○

续表

岗位类别	5 万元以下	5 万~8 万元	8 万~12 万元	12 万~16 万元	16 万~20 万元	20 万~30 万元	30 万元以上
生产制造类	○	○	○	○	○	○	○
设计施工类	○	○	○	○	○	○	○
运营与维护类	○	○	○	○	○	○	○
售前/售后支持类	○	○	○	○	○	○	○
其他类别	○	○	○	○	○	○	○

26. 近三年贵单位招聘的物联网相关人员中，应届毕业生所占比例。[单选题]

○ 5%以下　○ 5%~10%　○ 10%~20%　○ 20%~30%　○ 30%~40%

○ 40%~50%　○ 50%以上

27. 近三年贵单位物联网相关岗位人员的平均流失率。[单选题]

○ 5%以下　○ 5%~10%　○ 10%~20%　○ 20%~30%　○ 30%~40%

○ 40%以上

28. 贵单位物联网相关岗位人才流失的主要原因。[多选题]

□薪酬待遇低　□业绩压力过大　□企业文化与个人价值观冲突

□个人期望过高　□晋升空间有限　□人际关系不和谐

□其他________________

29. 贵单位主要招聘渠道。[多选题]

□通用型招聘网站　□行业专业人才招聘网站　□公司官网或官微

□校园招聘（含校企合作推荐）　□公司内推　□猎头推荐

□人才市场　□招聘业务外包　□其他 ________________

30. 未来 3~5 年贵单位对物联网相关岗位人才的总需求量。[单选题]

○ 20 人以下　○ 20~50 人　○ 50~100 人　○ 100~200 人　○ 200 人以上

31. 未来 3~5 年贵单位将主要在以下哪些物联网技术/应用领域进行技术沉淀或储备？[多选题，最多选 15 项]

□芯片生产　□模组设计制造　□智能终端　□智能硬件

□智能仪表　□电子测量技术　□单片机技术　□嵌入式技术/系统

□传感器技术　□ RFID 技术　□条码技术　□定位技术

□遥感技术（卫星物联网）　□传感网络/自组织网络　□ ZigBee

□ Wi-Fi 技术　□蓝牙技术　□ IPv4/IPv6　□ NB-IoT/LoRa

□ 4G/5G/6G 技术　□云平台技术　□大数据技术　□智能计算技术

□数据库技术　□物联网平台运营　□数据中心　□数据可视化
□软件应用开发　□ Android/iOS 开发　□物联网安全　□系统集成
□运维管理　□综合布线　□视频监控技术　□工程设计
□工程实施　□工程造价与评估　□项目管理　□其他 ________

32. 未来 3~5 年贵单位物联网主营业务主要聚焦于以下哪些业务方向？ [多选题]

□物联智能终端　□智慧仪表　□智慧城市　□数字乡村
□智慧农业　□智慧政务　□智慧医疗（公共卫生）　□智慧健康
□智慧文旅　□智慧交通　□智慧能源　□智慧环保
□智慧物流　□智慧教育　□智慧安全　□智慧安防
□智慧家居　□智能穿戴　□养老看护　□智慧物业
□智慧建筑/楼宇　□智慧地产/智能建造　□智能电网
□车联网　□碳中和　□工业互联网（智能制造）

33. 未来 3~5 年贵单位物联网相关各类岗位拟招聘要求（请点击选项后填写相关人数）。[矩阵多选题]

岗位类别	研究生	本科	高职高专	中职	其他
运营管理类	□	□	□	□	□
研究开发类	□	□	□	□	□
系统/架构开发类	□	□	□	□	□
硬件开发类	□	□	□	□	□
软件开发类	□	□	□	□	□
测试类	□	□	□	□	□
数据类	□	□	□	□	□
网络类	□	□	□	□	□
设计/施工类	□	□	□	□	□
技术支持（含运营维护）类	□	□	□	□	□
市场营销类	□	□	□	□	□
其他类别	□	□	□	□	□

34. 贵单位对院校物联网人才培养有何建议？ [多选题]

□加强学生理论知识的深度　□提升学生技术应用水平
□提高学生实践能力　□增加学生到企业实习的机会

☐重视学生职业素养培养　　☐提供充分的就业指导

☐其他 ________________

35. 贵单位希望应届毕业生参加过哪些岗前培训？ [多选题]

☐职业素养培训　　☐适岗能力培训　　☐职业发展规划培训

☐专业技术培训　　☐其他 ________________

36. 贵单位技术类相关岗位希望从业人员持有哪些职业资格证书/职业证书？[多选题]

☐工程咨询（投资）专业技术人员职业资格证书

☐通信专业技术人员职业资格证书

☐计算机技术与软件专业技术资格证书

☐ 1+X 证书

☐信息通信网络运行管理员证书

☐物联网安装调试员职业证书

☐智能硬件装调员职业证书

☐物联网工程技术人员职业证书

☐工业互联网工程技术人员职业证书

☐英语等级证书

☐电工证

☐无持证要求

☐其他（含企业认为重要的证书）________________

37. 贵单位参与国家职业资格证书标准或省部级以上人才规格/能力标准制定情况。[单选题]

○主导制定相关标准，证书/岗位名称：____________________

○参与制定相关标准，证书/岗位名称：____________________

○正在申报/拟申报成为标准制定参与单位

○有一定了解

○完全不了解

38. 贵单位对物联网相关职业技能等级证书（1+X 证书）的了解程度。[单选题]

○主导制定相关标准，证书名称：____________________

○参与制定相关标准，证书名称：____________________

○正在申报/拟申报职业技能培训评价组织

○有一定了解

○完全不了解

39. 对贵单位而言，以下哪些物联网相关职业技能等级证书（1+X 证书）有较大

价值？ [多选题]

□传感网应用开发职业技能等级证书
□物联网工程实施与运维职业技能等级证书
□物联网云平台运用职业技能等级证书
□物联网智能终端开发与设计职业技能等级证书
□物联网单片机应用与开发职业技能等级证书
□智联网（AIoT）应用开发职业技能等级证书
□物联网安全测评职业技能等级证书
□物联网场景设计与开发职业技能等级证书
□物联网安装调试与运维职业技能等级证书
□物联网通信技术应用职业技能等级证书
□物联网智能家居系统集成和应用职业技能等级证书
□物联网智慧农业系统集成和应用职业技能等级证书
□电梯物联网系统应用开发职业技能等级证书
□其他（含企业认为重要的证书方向）________________

40. 贵单位参与校企合作的对象类型。 [多选题]

□本科院校 □高职高专院校 □中职/技工学校 □培训学校
□尚未开展合作 □其他 ________________

41. 贵单位参与校企合作的主要领域有哪些？ [多选题]

□专业共建（产业学院、混合所有制学院、产教融合实训基地等）
□技术/项目合作 □科研成果转化 □订单班/学徒制班
□人才需求（定向招聘人才等） □员工培训（职前/职后培训）
□职业（资格）/技能认证 □提供兼职教师/企业导师/产业教授等
□参与专家讲座/方案研讨等 □未开展校企合作
□其他 ________________

42. 贵单位是否愿意共享产教融合案例？ [单选题]

○是 ○否

43. 未来 3~5 年，贵单位计划开展校企合作的对象类型有哪些？ [多选题]

□本科院校 □高职高专院校 □中职/技工学校 □培训学校
□无合作计划 □其他 ________________

44. 未来 3~5 年，贵单位计划开展校企合作的主要领域有哪些？ [多选题]

□专业共建（产业学院、混合所有制学院、产教融合实训基地等）
□技术/项目合作 □科研成果转化 □订单班/学徒制班
□人才需求（定向招聘人才等） □员工培训（职前/职后培训）

☐职业（资格）/技能认证　　☐提供兼职教师/企业导师/产业教授等

☐参与专家讲座/方案研讨等　　☐无校企合作计划

☐其他 ________________

45. 贵单位对本科院校、高职高专院校、中职/技工学校、培训学校等开展物联网人才培养的其他建议意见有哪些？[填空题]

____

B　本科院校物联网人才状况调查问卷

各相关单位：

非常感谢您抽出宝贵的时间填写我们的调查问卷！本次调查的主要目的是了解成渝物联网技术技能人才从业现状及发展情况，突破企业人才需求的瓶颈，强化学校人才培养适应产业发展的需要。问卷数据仅用于研究，请您放心填写，再次感谢您的参与和支持！

1. 学校名称：

____

2. 学校主体所在区域（具体到区县）：

____

3. 物联网工程（普通本科）/物联网工程技术（职业本科）专业基本情况。

本专业开始招生年份为：________________

填报联系人或者专业负责人：____________

联系电话：__________________________

邮箱：______________________________

4. 本专业目前在本校归属于哪类二级学院/系部。[单选题]

○电子类学院/系部　　○计算机类学院/系部　　○通信类学院/系部

○其他 ________________

5. 目前物联网工程专业（或物联网方向）在校生人数（含 2023 届毕业生）______人，其中 3+2 中高职衔接________人、专本贯通班______人、其他（请填写类别和人数）______人。（如大一年级为按专业大类招生，则请按专业分流计划相应统计对应专业大一年级学生数据，以下相同）

近四年本专业具体招生情况。[填空题]

计划招生人数：

______（2019 级），其中 3+4 中本衔接________人、3+2 专本贯通______人、其他（请填写类别和人数）________人；

______（2020 级），其中 3+4 中本衔接________人、3+2 专本贯通______人、其他（请填写类别和人数）________人；

______（2021 级），其中 3+4 中本衔接________人、3+2 专本贯通______人、其他（请填写类别和人数）________人；

______（2022 级），其中 3+4 中本衔接________人、3+2 专本贯通______人、其他（请填写类别和人数）________人。

实际在校生人数：

______（2019 级），其中 3+4 中本衔接________人、3+2 专本贯通______人、其他（请填写类别和人数）________人；

______（2020 级），其中 3+4 中本衔接________人、3+2 专本贯通______人、其他（请填写类别和人数）________人；

______（2021 级），其中 3+4 中本衔接________人、3+2 专本贯通______人、其他（请填写类别和人数）________人；

______（2022 级），其中 3+4 中本衔接________人、3+2 专本贯通______人、其他（请填写类别和人数）________人。

6. 本专业专任教师人数______人，包括男性_____人，女性_____人，平均年龄为______岁。

其中博士研究生______人、硕士研究生______人、本科生______人。

教授/教授级高级工程师（同等正高级）______人、副教授/高级工程师（同等副高级）______人、讲师/工程师（同等中级）______人、助教（同等初级）______人。

国家级人才（院士/“万人计划”人才等）______人、部委级人才（长江学者/国家杰出青年科学基金获得者/优秀青年科学基金获得者/“百人计划”人才，国务院政府津贴专家/教学名师/技能大师/技术能手等）______人、省市级人才（××学者/××专家/教学名师/技能大师/技术能手/学术带头人等）______人。

“双师型”教师（专指具有企业 3 年以上全职工作经验）____人。

7. 本专业专任教师专业背景。[多选题]

□计算机相关　　□电子信息相关　　□自动化相关

□通信工程相关　　□物联网相关　　□其他 ________________

8. 本专业是否开展中职本科衔接/专本贯通等贯通式人才培养。[多选题]

□已开展 3+4 中职本科衔接，对接中职/技工学校为：________________

□已开展 3+2 专本贯通班，对接高职高专院校为：________________

□其他 ________________

9. 2022 年本专业毕业生人数______，其中 3+4 中本衔接________人、3+2 专本贯通______人、其他（请填写类别和人数）________人。

就业(含参军)人数_____,其中留在川渝地区______人_,专业对口率约______,考研保研人数 ______ 。[填空题]

10. 近 3 年本专业毕业生的就业岗位主要集中在哪些方向? [多选题,最多选 4 个]

☐运营管理类　☐研究开发类　☐系统/架构开发类　☐产品开发类

☐生产制造类　☐设计/施工类　☐技术支持(含运营维护)类

☐市场营销类　☐其他 ________________

11. 近 3 年本专业毕业生从事专业相关工作的比率(专业对口率)为________%,薪资水平为________元(可填范围),毕业生满意度为________%,企业满意度为________%。

12. 近 3 年本专业人才培养方案课程体系调整频率情况。[单选题]

○每年做一次较大调整　○每年仅做细微调整　○基本不调整

○其他___________

13. 近 3 年本专业邀请企业参加人才培养方案制定或专业设置相关研讨活动情况。[单选题]

○每年 2 次以上　○每年 1 次　○两年 1 次　○偶尔邀请

○从未邀请

14. 本专业人才培养职业面向对应的主要职业类别有哪些? [多选题]

☐物联网系统/平台研究人员　☐物联网技术/架构开发人员

☐电子工程技术人员　☐信息和通信工程技术人员

☐软件和信息技术服务人员　☐物联网工程技术人员

☐工业互联网工程技术人员　☐自动控制工程技术人员

☐其他___________

15. 本专业人才培养职业面向对应的主要技术/应用领域有哪些? [多选题,最多选 15 个]

☐芯片生产　☐模组设计制造　☐智能终端　☐智能硬件

☐智能仪表　☐电子测量技术　☐单片机技术　☐嵌入式技术/系统

☐传感器技术　☐ RFID 技术　☐条码技术　☐定位技术

☐遥感技术(卫星物联网)　☐传感网络/自组织网络　☐ ZigBee

☐ Wi-Fi 技术　☐蓝牙技术　☐ IPv4/IPv6　☐ NB-IoT/LoRa

☐ 4G/5G/6G 技术　☐云平台技术　☐大数据技术　☐智能计算技术

☐数据库技术　☐物联网平台运营　☐数据中心　☐数据可视化

☐软件应用开发　☐ Android/iOS 开发　☐物联网安全　☐系统集成

☐运维管理　☐综合布线　☐视频监控技术　☐工程设计

□工程实施　□工程造价与评估　□项目管理　□其他 ________

16. 本专业人才培养职业面向所对接的主要业务应用领域有哪些？[多选题]

□物联智能终端　□智慧仪表　□智慧城市　□数字乡村
□智慧农业　□智慧政务　□智慧医疗（公共卫生）　□智慧健康
□智慧文旅　□智慧交通　□智慧能源　□智慧环保
□智慧物流　□智慧教育　□智慧安全　□智慧安防
□智慧家居　□智能穿戴　□养老看护　□智慧物业
□智慧建筑/楼宇　□智慧地产/智能建造　□智能电网
□车联网　□碳中和　□工业互联网（智能制造）

17. 本专业人才培养的素质素养及通用能力要求有哪些？[多选题]

□具有良好的新一代信息素养
□具有持续学习和深化发展的意愿
□具有良好的创新意识和进取精神
□崇尚劳模精神和工匠精神
□具有较强的责任心和敬业精神
□具有沟通协作和团队协调能力
□具有学习新技术及获取、处理、使用信息的能力
□具有发现问题、分析问题、解决问题的能力
□具有良好的语言、文字表达能力和沟通能力
□具有一定的哲学思维、数据思维、互联网思维能力
□其他 ________________

18. 本专业人才培养的专业知识要求有哪些？[多选题]

□熟悉岗位相关的法律法规及环境保护、安全消防、文明生产等知识
□掌握电工、电子技术基础知识
□掌握传感器、自动识别技术、感知节点等感知设备的原理和应用方法
□掌握单片机、嵌入式技术相关知识
□掌握无线网络相关知识
□掌握物联网系统设备工作原理和设备选型方法
□掌握物联网运营平台应用与基础管理知识
□掌握物联网应用软件开发技术和方法
□掌握物联网平台信息安全基础知识
□掌握项目管理的相关知识
□了解物联网相关国家标准和国际标准
□掌握感知层数据采集知识

□掌握物联网组网、综合布线及系统集成知识
□掌握物联网工程项目实施基本方法
□其他 ________________
19. 本专业人才培养的能力要求有哪些？[多选题]
□具有新一代信息技术应用能力
□能阅读并正确理解需求分析报告和项目建设方案
□具有物联网相关设备性能测试和检修能力
□具有物联网硬件设备的安装与调试能力
□具有物联网网络规划、调试和维护能力
□具有安装、调试和维护物联网系统软硬件操作系统的能力
□具备物联网应用系统界面设计和应用程序设计的基本能力
□具备物联网应用系统规划的基本能力和工程施工管理能力
□具备物联网运营平台应用与管理的基本能力
□具备物联网平台信息安全应用的基本能力
□具备物联网组网能力
□具备嵌入式开发能力
□具备物联网系统部署与运维能力
□具备物联网工程设计与管理能力
□其他 ________________
20. 本专业人才培养方案制定过程中行业企业参与情况。[单选题]
○有 10 家以上行业企业参与　　○有 6 家以上行业企业参与
○有 3 家以上行业企业参与　　○有 1~2 家行业企业参与
○完全由校企双元主体共同制定，合作企业为____________
○无行业企业参与
21. 本专业共开设课程______门，专业课程学分占比为______。其中专业基础课程______门，专业核心课程______门，专业拓展（选修）课程______门。[填空题]
22. 本专业人才培养方案总学分为 ______，实践性教学学分占总学分数的比例为______。
23. 本专业开设的专业基础课程有哪些？
① ________________；② ________________；
③ ________________；④ ________________；
⑤ ________________；⑥ ________________；
⑦ ________________；⑧ ________________。
24. 本专业的 8~10 门专业核心课程有哪些？

①__________________;②__________________;
③__________________;④__________________;
⑤__________________;⑥__________________;
⑦__________________;⑧__________________;
⑨__________________;⑩__________________。

25. 本专业开设的主要实践实训类课程有哪些?

①__________________;②__________________;
③__________________;④__________________;
⑤__________________;⑥__________________;
⑦__________________;⑧__________________。

26. 本专业比较重要的专业拓展(选修)课程有哪些?

①__________________;②__________________;
③__________________;④__________________;
⑤__________________;⑥__________________;
⑦__________________;⑧__________________;
⑨__________________;⑩__________________。

27. 本专业参与制定物联网相关 1+X 证书或国家职业资格证书标准情况。[单选题]

○主导制定相关标准,证书名称:____________________

○参与制定相关标准,证书名称:____________________

○正在支撑企业申报/拟申报职业技能培训评价组织或标准制定牵头单位

○未参与

○不了解相关情况

28. 本专业已对接实施的 1+X 证书有哪些? [多选题]

□物联网智慧农业系统集成和应用职业技能等级证书(中科智库物联网技术研究院江苏有限公司)

□物联网通信技术应用职业技能等级证书(中兴通讯股份有限公司)

□物联网云平台运用职业技能等级证书(中移物联网有限公司)

□物联网安装调试与运维职业技能等级证书[中盈创信(北京)科技有限公司]

□电梯物联网系统应用开发职业技能等级证书(北京中兴协力科技有限公司)

□物联网工程实施与运维职业技能等级证书(北京新大陆时代教育科技有限公司)

□物联网场景设计与开发职业技等级证书(海尔智家股份有限公司)

□物联网安全测评职业技能等级证书(工业和信息化部电子第五研究所)

☐物联网单片机应用与开发职业技能等级证书[国信蓝桥教育科技（北京）股份有限公司]

☐物联网智能终端开发与设计职业技能等级证书（广州粤嵌通信科技股份有限公司）

☐物联网智能家居系统集成和应用职业技能等级证书[上海仪电（集团）有限公司]

☐传感网应用开发职业技能等级证书（北京新大陆时代教育科技有限公司）

☐智联网（AIoT）应用开发职业技能等级证书（北京金山云网络技术有限公司）

☐没有对接 1+X 证书

☐其他 ________________

29. 本专业在人才培养过程中是否考虑对接行业企业证书或职业资格证书？ [多选题]

○已对接华为 HCIA/HCIP/HCIE 证书

○已对接其他证书，包括 ____________________

○考虑，但还没具体对接

○不考虑

30. 本专业教师/学生参加的相关技术技能比赛有哪些？ [多选题]

☐全国大学生物联网创新应用设计大赛

☐全国大学生物联网设计竞赛（TI 杯）

☐全国高校物联网应用创新大赛

☐国际大学生 iCAN 创新创业大赛

☐ 3S 杯全国大学生物联网技术与应用“三创”大赛

☐物联网感智创新大赛

☐中国大学生计算机设计大赛

☐“互联网+”大学生创新创业大赛

☐蓝桥杯全国软件和信息专业人才大赛

☐全国大学生电子设计竞赛（TI 杯）

☐“挑战杯”全国大学生系统科学学术竞赛

☐全国大学生智能汽车大赛

☐全国职业院校技能大赛物联网技术应用赛项

☐中华人民共和国职业技能大赛物联网技术赛项

☐全国电子信息行业新技术应用职业技能竞赛物联网技术应用赛项

☐全国电子信息服务业职业技能竞赛物联网安装调试赛项

☐其他 ________________

31. 本专业有专门实验（实训）室______个，其中：省部级以上大师工作室______个、重点实验室______个、研究/工程中心______个、虚拟仿真中心______个；校级大师工作室______个、重点实验室______个、研究/工程中心______个、虚拟仿真中心______个；校内实践基地______个。

32. 本专业有校外实习实训基地______个。

33. 本专业是否建有现代产（企）业学院/混合所有制学院？[单选题]

○是，共建企业为________________

○否

34. 本专业是否开设企业订单班？[单选题]

○是，订单来源企业为________________

○否

35. 本专业参与校企合作的主要领域有哪些？[多选题]

□共建产教融合实训基地

□技术/项目合作

□科研成果转化

□人才需求（定向招聘人才等）

□员工培训（职前/职后培训）

□职业（资格）/技能认证

□聘请企业导师/产业教授/特聘岗位等

□邀约专家讲座/人才培养方案研讨等

□其他________________

36. 本专业科研团队已开展社会服务的主要方向有哪些？[多选题]

□技术咨询　□软件开发　□硬件开发　□系统集成

□规划设计　□运营管理/运维服务　□施工　□技术技能培训

□职业资格证书培训　□职业技能认证/鉴定　□科学普及服务

□其他________________

37. 您是否愿意共享本专业建设成果？[单选题]

○是　○否

38. 你认为制约本科院校物联网工程专业发展的因素有哪些？[多选题]

□政策跟进滞后　□行业标准不统一　□产业模式不成熟

□技术更新迭代过快　□师资条件不佳　□课程设置不科学

□学生基础薄弱　□人才培养没有连续性　□科研/教学基础设施落后

□学校重视程度不够/资金不足　□其他________________

39. 您认为本专业人才培养需要重点关注哪些方面？[多选题]

□加强学生理论知识的深度　　□提升学生技术应用水平
□提高学生实践能力　　□增加学生到企业实习的机会
□重视学生职业素养培养　　□提供充分的就业指导
□其他 ______________

C　高职高专院校物联网人才状况调查问卷

各相关单位：

非常感谢您抽出宝贵的时间填写我们的调查问卷！本次调查的主要目的是了解成渝物联网技术技能人才从业现状及发展情况，突破企业人才需求的瓶颈，强化学校人才培养适应产业发展的需要。问卷数据仅用于研究，请您放心填写，再次感谢您的参与和支持！

1. 学校名称：

____

2. 学校主体所在区域（具体到区县）：

____

3. 本校开设的物联网相关专业有哪些？[多选题]

□物联网应用技术　　□智能互联网络技术（原物联网工程技术）
□智能产品开发与应用　　□电子信息工程技术（物联网方向）
□工业互联网技术　　□其他 ______________

4. 以下所填数据对应专业［如本校开设多个相关专业，烦请按以下不同专业（方向）每个填写一份］。[单选题]

□物联网应用技术　　□智能互联网络技术（原物联网工程技术）
□智能产品开发与应用　　□电子信息工程技术（物联网方向）
□工业互联网技术　　□其他 ______________

5. 基本情况

本专业开始招生年份为：______________
填报联系人或者专业负责人：___________
联系电话：_________________________
邮箱：____________________________

6. 本专业目前在本校归属于哪类二级学院/系部？[单选题]

○电子类学院/系部　　○计算机类学院/系部　　○通信类学院/系部
○其他 ______________

7. 目前本专业（或物联网方向）在校生人数（含2023届毕业生）______人，其中

3+2 中高职衔接________人、专本贯通班______人、其他（ 请填写类别和人数 ）______________________________人。（如大一年级为按专业大类招生，则请按专业分流计划相应统计对应专业大一年级学生数据，以下相同）

近三年本专业具体招生情况。[填空题]

计划招生人数：

______（2020 级），其中 3+2 中高职衔接________人、专本贯通班______人、其他（ 请填写类别和人数 ）________________________________人；

______（2021 级），其中 3+2 中高职衔接________人、专本贯通班______人、其他（ 请填写类别和人数 ）________________________________人；

______（2022 级），其中 3+2 中高职衔接________人、专本贯通班______人、其他（ 请填写类别和人数 ）________________________________人。

实际在校生人数：

______（2020 级），其中 3+2 中高职衔接________人、专本贯通班______人、其他（ 请填写类别和人数 ）________________________________人；

______（2021 级），其中 3+2 中高职衔接________人、专本贯通班______人、其他（ 请填写类别和人数 ）________________________________人；

______（2022 级），其中 3+2 中高职衔接________人、专本贯通班______人、其他（ 请填写类别和人数 ）_______________________人。

8. 本专业专任教师人数：_____人，包括男性_____人，女性_____人，平均年龄为______岁。

其中博士研究生_____人、硕士研究生_____人、本科生_____人。

教授/教授级高级工程师（同等正高级）____人、副教授/高级工程师（同等副高级）____人、讲师/工程师（同等中级）____人、助教（同等初级）____人。

技能大师______人、技师/高级技师______人。

国家级人才（院士/“万人计划”人才等）______人、部委级人才（长江学者/国家杰出青年科学基金获得者/优秀青年科学基金获得者/“百人计划”人才/国务院政府津贴专家/教学名师/技能大师/技术能手等）______人、省市级人才（××学者/××专家/教学名师/技能大师/技术能手/学术带头人等）______人。

“双师型”教师（专指具有企业 3 年以上全职工作经验）_____人，校外兼职老师______人。

9. 本专业专任教师专业背景有哪些？[多选题]

☐计算机相关　☐电子信息相关　☐自动化相关　☐通信工程相关

☐物联网相关　☐其他________________

10. 本专业是否开展中高职衔接/专本贯通等贯通式人才培养？[多选题]

□已开展 3+2 中高职衔接，对接中职/技工学校为：________________

□已开展五年一贯制大专班，合作中职/技工学校为：________________

□已开展 3+2 专本贯通班，对口本科院校为：________________

□其他 ________________

11. 2022 年本专业毕业生人数________，其中 3+2 中高职衔接________人、专本贯通班______人、其他（请填写类别和人数）________人。

就业（含参军）人数______，其中留在川渝地区______人。

专升本（含专本贯通）人数______。

12. 近 3 年本专业毕业生的就业岗位有哪些？[多选题，最多选 4 个]

□运营管理类　　□研究开发类　　□系统/架构开发类

□产品开发类　　□生产制造类　　□设计/施工类

□技术支持（含运营维护）类　□市场营销类　　□其他 ____________

13. 近 3 年本专业毕业生从事专业相关工作的比率（专业对口率）为________%，薪资水平大致为________元（可填范围），毕业生满意度为________%，企业满意度为________%。

14. 近 3 年本专业人才培养方案课程体系调整频率情况。[单选题]

○每年做一次较大调整　○每年仅做细微调整　○基本不调整

○其他__________

15. 近 3 年本专业邀请企业参加人才培养方案制定或专业设置相关研讨活动情况。[单选题]

○每年 2 次以上　　○每年 1 次　　○两年 1 次

○偶尔邀请　　○从未邀请

16. 本专业人才培养职业面向对应的主要职业类别有哪些？[多选题]

□电子工程技术人员（2-02-09）

□信息和通信工程技术人员（2-02-10）

□信息通信业务人员（4-04-01）

□信息通信网络维护人员（4-04-02）

□信息通信网络运行管理人员（4-04-04）

□软件和信息技术服务人员（4-04-05）

□电子元件制造人员（6-25-01）

□电子设备装配调试人员（6-25-04）

□物联网工程技术人员（2-02-10-10）

□工业互联网工程技术人员（2-02-10-13）

□物联网安装调试员（6-25-04-09）

□智能硬件装调员(6-25-04-10)

□自动控制工程技术人员(2-02-07-07)

□其他__________

17. 本专业人才培养职业面向对应的主要技术/应用领域有哪些?[多选题,最多选 15 个]

□芯片生产 □模组设计制造 □智能终端 □智能硬件

□智能仪表 □电子测量技术 □单片机技术 □嵌入式技术/系统

□传感器技术 □ RFID 技术 □条码技术 □定位技术

□遥感技术(卫星物联网) □传感网络/自组织网络 □ ZigBee

□ Wi-Fi 技术 □蓝牙技术 □ IPv4/IPv6 □ NB-IoT/LoRa

□ 4G/5G/6G 技术 □云平台技术 □大数据技术 □智能计算技术

□数据库技术 □物联网平台运营 □数据中心 □数据可视化

□软件应用开发 □ Android/iOS 开发 □物联网安全 □系统集成

□运维管理 □综合布线 □视频监控技术 □工程设计

□工程实施 □工程造价与评估 □项目管理 □其他 ________

18. 本专业人才培养职业面向所对接的主要业务应用领域有哪些?[多选题]

□物联智能终端 □智慧仪表 □智慧城市 □数字乡村

□智慧农业 □智慧政务 □智慧医疗(公共卫生) □智慧健康

□智慧文旅 □智慧交通 □智慧能源 □智慧环保

□智慧物流 □智慧教育 □智慧安全 □智慧安防

□智慧家居 □智能穿戴 □养老看护 □智慧物业

□智慧建筑/楼宇 □智慧地产/智能建造 □智能电网

□车联网 □碳中和 □工业互联网(智能制造)

□其他 ________________

19. 本专业人才培养的素质要求有哪些?[多选题]

□具有良好的新一代信息素养

□具有持续学习和深化发展的意愿

□具有良好的创新意识和进取精神

□崇尚劳模精神和工匠精神

□具有较强的责任心和敬业精神

□具有沟通协作和团队协调能力

□具有学习新技术及获取、处理、使用信息的能力

□具有发现问题、分析问题、解决问题的能力

□具有良好的语言、文字表达能力和沟通能力

□具有一定的哲学思维、数据思维、互联网思维能力
□其他 ________________
20. 本专业人才培养的专业知识要求有哪些？[多选题]
□熟悉岗位相关的法律法规及环境保护、安全消防、文明生产等知识
□掌握电工、电子技术基础知识
□掌握传感器、自动识别技术、感知节点等感知设备的原理和应用方法
□掌握单片机、嵌入式技术相关知识
□掌握无线网络相关知识
□掌握物联网系统设备工作原理和设备选型方法
□掌握物联网运营平台应用与基础管理知识
□掌握物联网应用软件开发技术和方法
□掌握物联网平台信息安全基础知识
□掌握项目管理的相关知识
□了解物联网相关国家标准和国际标准
□掌握感知层数据采集知识
□掌握物联网组网、综合布线及系统集成知识
□掌握物联网工程项目实施基本方法
□其他 ________________
21. 本专业人才培养的能力要求有哪些？[多选题]
□具有新一代信息技术应用能力
□能阅读并正确理解需求分析报告和项目建设方案
□具有物联网相关设备性能测试和检修能力
□具有物联网硬件设备的安装与调试能力
□具有物联网网络规划、调试和维护能力
□具有安装、调试和维护物联网系统软硬件操作系统的能力
□具备物联网应用系统界面设计和应用程序设计的基本能力
□具备物联网应用系统规划的基本能力和工程施工管理能力
□具备物联网运营平台应用与管理的基本能力
□具备物联网平台信息安全应用的基本能力
□具备物联网组网能力
□具备嵌入式开发能力
□具备物联网系统部署与运维能力
□具备物联网工程设计与管理能力
□其他 ________________

22. 本专业人才培养方案制定过程中行业企业参与情况。[单选题]

○有 10 家以上行业企业参与　　○有 6 家以上行业企业参与

○有 3 家以上行业企业参与　　○有 1~2 家行业企业参与

○完全由校企双元主体共同制定,合作企业为____________

○无行业企业参与

23. 本专业共开设课程______门,专业课程学分占比为______。其中专业基础课程______门,专业核心课程______门,专业拓展(选修)课程______门。

24. 本专业人才培养方案总学分为______,实践性教学学时占总学时数的比例为______。

25. 本专业开设的专业基础课程有哪些?

①________________;②________________;

③________________;④________________;

⑤________________;⑥________________。

26. 本专业开设的 6~8 门专业核心课程有哪些?

①________________;②________________;

③________________;④________________;

⑤________________;⑥________________;

⑦________________;⑧________________。

27. 本专业开设的主要实践实训类课程有哪些?

①________________;②________________;

③________________;④________________;

⑤________________;⑥________________。

28. 本专业比较重要的专业拓展(选修)课程有哪些?

①________________;②________________;

③________________;④________________;

⑤________________;⑥________________;

⑦________________;⑧________________。

29. 本专业参与制定物联网相关 1+X 证书或国家职业资格证书标准情况。[单选题]

○主导制定相关标准,证书名称:____________________

○参与制定相关标准,证书名称:____________________

○正在支撑企业申报/拟申报职业技能培训评价组织或标准制定牵头单位

○未参与

○不了解相关情况

30. 本专业已对接实施的 1+X 证书有哪些？[多选题]

□物联网智慧农业系统集成和应用职业技能等级证书[中科智库物联网技术研究院江苏有限公司]

□物联网通信技术应用职业技能等级证书（中兴通讯股份有限公司）

□物联网云平台运用职业技能等级证书（中移物联网有限公司）

□物联网安装调试与运维职业技能等级证书[中盈创信（北京）科技有限公司]

□电梯物联网系统应用开发职业技能等级证书（北京中兴协力科技有限公司）

□物联网工程实施与运维职业技能等级证书（北京新大陆时代教育科技有限公司）

□物联网场景设计与开发职业技能等级证书（海尔智家股份有限公司）

□物联网安全测评职业技能等级证书（工业和信息化部电子第五研究所）

□物联网单片机应用与开发职业技能等级证书[国信蓝桥教育科技（北京）股份有限公司]

□物联网智能终端开发与设计职业技能等级证书（广州粤嵌通信科技股份有限公司）

□物联网智能家居系统集成和应用职业技能等级证书[上海仪电（集团）有限公司]

□传感网应用开发职业技能等级证书（北京新大陆时代教育科技有限公司）

□智联网（AIoT）应用开发职业技能等级证书（北京金山云网络技术有限公司）

□没有对接 1+X 证书

□其他＿＿＿＿＿＿＿＿

31. 本专业在人才培养过程中是否考虑对接行业企业证书或职业资格证书？ [多选题]

○已对接华为 HCIA/HCIP/HCIE 证书

○已对接其他证书，包括＿＿＿＿＿＿＿＿＿＿

○考虑，但还没具体对接

○不考虑

32. 本专业教师/学生参加的相关技术技能比赛有哪些？ [多选题]

□全国职业院校技能大赛物联网技术应用赛项

□中华人民共和国职业技能大赛物联网技术赛项

□全国电子信息行业新技术应用职业技能竞赛物联网技术应用赛项

□全国电子信息服务业职业技能竞赛物联网安装调试赛项

□全国高校物联网应用创新大赛

□全国大学生物联网创新应用设计大赛

□全国大学生物联网设计竞赛(TI 杯)

□国际大学生 iCAN 创新创业大赛

□ 3S 杯全国大学生物联网技术与应用“三创”大赛

□全国蓝桥杯大学生软件和信息专业人才大赛

□全国大学生电子设计竞赛(TI 杯)

□物联网感智创新大赛

□中国大学生计算机设计大赛

□中国“互联网+”大学生创新创业大赛

□“挑战杯”全国大学生系列科技学术竞赛

□全国大学生智能汽车大赛

□其他________________

33. 本专业有专门实验(实训)室______个,其中:省部级以上大师工作室______个、重点实验室______个、研究/工程中心______个、虚拟仿真中心______个;校级大师工作室______个、重点实验室______个、研究/工程中心______个、虚拟仿真中心______个;校内实践基地______个。

34. 本专业有校外实习实训基地______个。

35. 本专业是现代学徒制试点专业吗? [单选题]

○是,共建企业为________________

○否

36. 本专业是企业新型学徒制试点合作专业吗? [单选题]

○是,合作企业为________________

○否

37. 本专业建有现代产(企)业学院/混合所有制学院吗? [单选题]

○是,共建企业为________________

○否

38. 本专业开设企业订单班吗? [单选题]

○是,订单来源企业为________________

○否

39. 本专业参与校企合作的主要领域有哪些? [多选题]

□共建产教融合实训基地

□技术/项目合作

□科研成果转化

□人才需求(定向招聘人才等)

□员工培训(职前/职后培训)

□职业(资格)/技能认证
□聘请企业导师/产业教授/特聘岗位等
□邀约专家讲座/人才培养方案研讨等
□其他 ________________

40. 本专业科研团队已开展社会服务的主要方向有哪些? [多选题]
□技术咨询 □软件开发 □硬件开发 □系统集成
□规划设计 □运营管理/运维服务 □施工 □技术技能培训
□职业资格证书培训 □职业技能认证/鉴定 □科学普及服务
□其他 ________________

41. 您是否愿意共享本专业建设成果? [单选题]
○是 ○否

42. 您认为制约高职高专院校物联网应用技术专业发展的因素有哪些? [多选题]
□政策跟进滞后 □行业标准不统一 □产业模式不成熟
□技术更新迭代过快 □师资条件不佳 □课程设置不科学
□学生基础薄弱 □人才培养没有连续性 □科研/教学基础设施落后
□学校重视程度不够/资金不足 □其他 ________________

43. 您认为本专业人才培养需要重点关注哪些方面? [多选题]
□加强学生理论知识的深度 □提升学生技术应用水平
□提高学生实践能力 □增加学生到企业实习的机会
□重视学生职业素养培养 □提供充分的就业指导
□其他 ________________

D 中职/技工学校物联网人才状况调查问卷

各相关单位:

非常感谢您抽出宝贵的时间填写我们的调查问卷!本次调查的主要目的是了解成渝物联网技术技能人才从业现状及发展情况,突破企业人才需求的瓶颈,强化学校人才培养适应产业发展的需要。问卷数据仅用于研究,请您放心填写,再次感谢您的参与和支持!

1. 学校名称:

____

2. 学校主体所在区域(具体到区县):

____

3. 本校开设的物联网相关专业有哪些？[多选题]

□物联网技术应用　　□电子信息技术（物联网方向）

□智能化生产线安装与运维（物联网方向）

□其他 ________________

4. 以下所填数据对应专业是？（如本校开设多个相关专业，烦请按以下不同专业方向每个填写一份）[单选题]

□物联网技术应用　　□电子信息技术（物联网方向）

□智能化生产线安装与运维（物联网方向）

□其他 ________________

5. 基本情况

本专业开始招生年份为：________________

填报联系人或者专业负责人：____________

联系电话：____________________________

邮箱：________________________________

6. 本专业目前在本校归属于哪类专业部？[单选题]

○电子类专业系部　　○计算机类专业部　　○通信类专业部

○其他 ________________

7. 目前本专业（或物联网方向）在校生人数（含 2022 届毕业生）______人，其中 3+2 中高职衔接________人、五年一贯制________人、3+4 中本贯通/衔接______人、其他（请填写类别和人数）__________________________人。

近三年本专业具体招生情况。[填空题]

计划招生人数：

______（2020 级），其中 3+2 中高职衔接________人、五年一贯制________人、3+4 中本贯通/衔接______人、其他（请填写类别和人数）____________人；

______（2021 级），其中 3+2 中高职衔接________人、五年一贯制________人、3+4 中本贯通/衔接______人、其他（请填写类别和人数）____________人；

______（2022 级），其中 3+2 中高职衔接________人、五年一贯制________人、3+4 中本贯通/衔接______人、其他（请填写类别和人数）____________人。

实际在校人数：

______（2020 级），其中 3+2 中高职衔接________人、五年一贯制________人、3+4 中本贯通/衔接______人、其他（请填写类别和人数）____________人；

______（2021 级），其中 3+2 中高职衔接________人、五年一贯制________人、3+4 中本贯通/衔接______人、其他（请填写类别和人数）____________人；

______（2022 级），其中 3+2 中高职衔接________人、五年一贯制________人、

3+4 中本贯通/衔接______人、其他（请填写类别和人数）____________人。

8. 本专业专任教师人数______人，包括男性_____人，女性_____人，平均年龄为______岁。

其中博士研究生______人、硕士研究生______人、本科生______人、中专/中职/高中______人。

正高级职称______人、副高级职称______人、讲师（中级）______人、助理讲师（初级）______人。

技能大师______人、技师/高级技师______人。

国家级人才（院士/“万人计划”人才等）______人、部委级人才（长江学者/国家杰出青年科学基金获得者/优秀青年科学基金获得者/“百人计划”人才/国务院政府津贴专家/教学名师/技能大师/技术能手等）______人、省市级人才（×× 学者/×× 专家/教学名师/技能大师/技术能手/学术带头人等）______人

“双师型”教师（专指具有企业 3 年以上全职工作经验）______人。

校外兼职教师______人。

9. 本专业专任教师专业背景有哪些？[多选题]

☐计算机相关　☐电子信息相关　☐自动化相关　☐通信工程相关

☐物联网相关　☐其他 ________________

10. 本专业是否开展中高职衔接/中本衔接等贯通式人才培养？[多选题]

☐已开展 3+2 中高职衔接，对口高职高专院校为：________________

☐已开展五年一贯制大专班，对口高职高专院校为：________________

☐已开展 3+4 中本科衔接，对口本科院校为：________________

☐其他 ________________

11. 2022 年本专业毕业生人数______，其中 3+2 中高职衔接________人、五年一贯制________人、3+4 中本贯通/衔接______人、其他（请填写类别和人数）____________人。

就业（含参军）人数______，其中留在川渝地区______人。

升学人数（含 3+2 中高职衔接、3+4 中本贯通/衔接）______人，其中升入本科院校______人、高职院校______人。

12. 近 3 年本专业毕业生的就业岗位有哪些？[多选题，最多选 4 个]

☐运营管理类　☐研究开发类　☐系统/架构开发类　☐产品开发类

☐生产制造类　☐设计/施工类　☐技术支持（含运营维护）类

☐市场营销类　☐其他 ________________

13. 近 3 年本专业毕业生从事专业相关工作的比率（专业对口率）为________%，薪资水平为________元（可填范围），毕业生满意度为________%，企业满意

度为________%。

14. 近3年本专业人才培养方案课程体系调整频率情况。[单选题]

○每年做一次较大调整　○每年仅做细微调整　○基本不调整

○其他__________

15. 近3年本专业邀请企业参加人才培养方案制定或专业设置相关研讨活动情况。[单选题]

○每年2次以上　○每年1次　○两年1次

○偶尔邀请　○从未邀请

16. 本专业人才培养职业面向对应的主要职业类别有哪些？[多选题]

□电子工程技术人员（2-02-09）

□信息和通信工程技术人员（2-02-10）

□信息通信业务人员（4-04-01）

□信息通信网络维护人员（4-04-02）

□信息通信网络运行管理人员（4-04-04）

□软件和信息技术服务人员（4-04-05）

□电子元件制造人员（6-25-01）

□电子设备装配调试人员（6-25-04）

□物联网工程技术人员（2-02-10-10）

□工业互联网工程技术人员（2-02-10-13）

□物联网安装调试员（6-25-04-09）

□智能硬件装调员（6-25-04-10）

□自动控制工程技术人员（2-02-07-07）

□其他__________

17. 本专业人才培养职业面向对应的主要技术/应用领域有哪些？[多选题，最多选15个]

□芯片生产　□模组设计制造　□智能终端　□智能硬件

□智能仪表　□电子测量技术　□单片机技术　□嵌入式技术/系统

□传感器技术　□ RFID技术　□条码技术　□定位技术

□遥感技术（卫星物联网）　□传感网络/自组织网络　□ ZigBee

□ Wi-Fi技术　□蓝牙技术　□ IPv4/IPv6　□ NB-IoT/LoRa

□ 4G/5G/6G技术　□云平台技术　□大数据技术　□智能计算技术

□数据库技术　□物联网平台运营　□数据中心　□数据可视化

□软件应用开发　□ Android/iOS开发　□物联网安全　□系统集成

□运维管理　□综合布线　□视频监控技术　□工程设计

□工程实施　□工程造价与评估　□项目管理　□其他 ________

18. 本专业人才培养职业面向所对接的主要业务应用领域有哪些？[多选题]

□物联智能终端　□智慧仪表　□智慧城市　□数字乡村

□智慧农业　□智慧政务　□智慧医疗（公共卫生）　□智慧健康

□智慧文旅　□智慧交通　□智慧能源　□智慧环保

□智慧物流　□智慧教育　□智慧安全　□智慧安防

□智慧家居　□智能穿戴　□养老看护　□智慧物业

□智慧建筑/楼宇　□智慧地产/智能建造　□智能电网

□车联网　□碳中和　□工业互联网（智能制造）

□其他 ________________

19. 本专业人才培养的素质要求有哪些？[多选题]

□具有良好的新一代信息素养

□具有持续学习和深化发展的意愿

□具有良好的创新意识和进取精神

□崇尚劳模精神和工匠精神

□具有较强的责任心和敬业精神

□具有沟通协作和团队协调能力

□具有学习新技术及获取、处理、使用信息的能力

□具有发现问题、分析问题、解决问题的能力

□具有良好的语言、文字表达能力和沟通能力

□具有一定的哲学思维、数据思维、互联网思维能力

□其他 ________________

20. 本专业人才培养的专业知识要求有哪些？[多选题]

□熟悉岗位相关的法律法规及环境保护、安全消防、文明生产等知识

□掌握电工、电子技术基础知识

□掌握传感器、自动识别技术、感知节点等感知设备的原理和应用方法

□掌握单片机、嵌入式技术相关知识

□掌握无线网络相关知识

□掌握物联网系统设备工作原理和设备选型方法

□掌握物联网运营平台应用与基础管理知识

□掌握物联网应用软件开发技术和方法

□掌握物联网平台信息安全基础知识

□掌握项目管理的相关知识

□了解物联网相关国家标准和国际标准

□掌握感知层数据采集知识

□掌握物联网组网、综合布线及系统集成知识

□掌握物联网工程项目实施基本方法

□其他 ________________

21. 本专业人才培养的能力要求有哪些？[多选题]

□具有新一代信息技术应用能力

□能阅读并正确理解需求分析报告和项目建设方案

□具有物联网相关设备性能测试、检修能力

□具有物联网硬件设备的安装与调试能力

□具有物联网网络规划、调试和维护能力

□具有安装、调试和维护物联网系统软硬件操作系统的能力

□具备物联网应用系统界面设计和应用程序设计的基本能力

□具备物联网应用系统规划的基本能力和工程施工管理能力

□具备物联网运营平台应用与管理的基本能力

□具备物联网平台信息安全应用的基本能力

□具备物联网组网能力

□具备嵌入式开发能力

□具备物联网系统部署与运维能力

□具备物联网工程设计与管理能力

□其他 ________________

22. 本专业人才培养方案制定过程中行业企业参与情况。[单选题]

○有 10 家以上行业企业参与　　○有 6 家以上行业企业参与

○有 3 家以上行业企业参与　　○有 1~2 家行业企业参与

○完全由校企双元主体共同制定，合作企业为____________

○无行业企业参与

23. 本专业共开设课程______门，专业课程学分占比为______。其中公共课程______门，专业基础课程______门，专业核心（技能）课程______门，专业拓展（选修）课程______门。

24. 本专业人才培养方案总学分为 ______。实践性教学学时占总学时数的比例为______。

25. 本专业开设的专业基础课程有哪些？

① ________________；② ________________；

③ ________________；④ ________________；

⑤ ________________；⑥ ________________。

26. 本专业开设的 6~8 门专业核心(技能)课程有哪些?

① ____________________ ;② ____________________ ;

③ ____________________ ;④ ____________________ ;

⑤ ____________________ ;⑥ ____________________ ;

⑦ ____________________ ;⑧ ____________________ 。

27. 本专业开设的主要实践实训类课程有哪些?

① ____________________ ;② ____________________ ;

③ ____________________ ;④ ____________________ ;

⑤ ____________________ ;⑥ ____________________ 。

28. 本专业比较重要的专业拓展(选修)课程有哪些?

① ____________________ ;② ____________________ ;

③ ____________________ ;④ ____________________ ;

⑤ ____________________ ;⑥ ____________________ ;

⑦ ____________________ ;⑧ ____________________ 。

29. 本专业参与制定物联网相关 1+X 证书或国家职业资格证书标准情况。[单选题]

○主导制定相关标准,证书名称:______________________

○参与制定相关标准,证书名称:______________________

○正在支撑企业申报/拟申报职业技能培训评价组织或标准制定牵头单位

○未参与

○不了解相关情况

30. 本专业已对接实施的 1+X 证书有哪些? [多选题]

□物联网智慧农业系统集成和应用职业技能等级证书(中科智库物联网技术研究院江苏有限公司)

□物联网通信技术应用职业技能等级证书(中兴通讯股份有限公司)

□物联网云平台运用职业技能等级证书(中移物联网有限公司)

□物联网安装调试与运维职业技能等级证书[中盈创信(北京)科技有限公司]

□电梯物联网系统应用开发职业技能等级证书(北京中兴协力科技有限公司)

□物联网工程实施与运维职业技能等级证书(北京新大陆时代教育科技有限公司)

□物联网场景设计与开发职业技能等级证书(海尔智家股份有限公司)

□物联网安全测评职业技能等级证书(工业和信息化部电子第五研究所)

□物联网单片机应用与开发职业技能等级证书[国信蓝桥教育科技(北京)股份有限公司]

□物联网智能终端开发与设计职业技能等级证书(广州粤嵌通信科技股份有限公司)

□物联网智能家居系统集成和应用职业技能等级证书[上海仪电(集团)有限公司]

□传感网应用开发职业技能等级证书(北京新大陆时代教育科技有限公司)

□智联网(AIoT)应用开发职业技能等级证书(北京金山云网络技术有限公司)

□没有对接 1+X 证书

□其他 ________________

31. 本专业在人才培养过程中是否考虑对接行业企业证书或职业资格证书? [多选题]

○已对接华为 HCIA/HCIP/HCIE 证书

○已对接其他证书,包括__________________

○考虑,但还没具体对接

○不考虑

32. 本专业教师/学生参加的相关技术技能比赛有哪些? [多选题]

□全国职业院校技能大赛物联网技术应用与维护赛项

□全国职业院校技能大赛智能家居安装与维护赛项

□中华人民共和国职业技能大赛物联网技术赛项

□全国电子信息行业新技术应用职业技能竞赛物联网技术应用赛项

□全国电子信息服务业职业技能竞赛物联网安装调试赛项

□中国"互联网+"大学生创新创业大赛

□其他 ________________

33. 本专业有专门实验(实训)室______个,其中:省部级以上大师工作室______个、重点实验室______个、研究/工程中心______个、虚拟仿真中心______个;校级大师工作室______个、重点实验室______个、研究/工程中心______个、虚拟仿真中心______个;校内实践基地______个。

34. 本专业有校外实习实训基地______个。

35. 本专业是现代学徒制试点专业吗? [单选题]

○是,共建企业为________________

○否

36. 本专业是企业新型学徒制试点合作专业吗? [单选题]

○是,合作企业为________________

○否

37. 本专业建有现代产(企)业学院/混合所有制学院吗? [单选题]

○是，共建企业为________________

○否

38. 本专业开设企业订单班吗？[单选题]

○是，订单来源企业为________________

○否

39. 本专业参与校企合作的主要领域有哪些？[多选题]

□共建产教融合实训基地

□技术/项目合作

□科研成果转化

□人才需求（定向招聘人才等）

□员工培训（职前/职后培训）

□职业（资格）/技能认证

□聘请企业导师/产业教授/特聘岗位等

□邀约专家讲座/人才培养方案研讨等

□其他 ________________

40. 本专业科研团队已开展社会服务的主要方向有哪些？[多选题]

□技术咨询　□软件开发　□硬件开发　□系统集成

□规划设计　□运营管理/运维服务　□施工　□技术技能培训

□职业资格证书培训　□职业技能认证/鉴定　□科学普及服务

□其他 ________________

41. 您是否愿意共享本专业建设成果？[单选题]

○是　○否

42. 您认为制约中职/技工学校物联网技术应用专业发展的因素有哪些？[多选题]

□政策跟进滞后　□行业标准不统一　□产业模式不成熟

□技术更新迭代过快　□师资条件不佳　□课程设置不科学

□学生基础薄弱　□人才培养没有连续性　□科研/教学基础设施落后

□学校重视程度不够/资金不足　□其他 ________________

43. 您认为本专业人才培养需要重点关注有哪些？[多选题]

□加强学生理论知识的深度　□提升学生技术应用水平

□提高学生实践能力　□增加学生到企业实习的机会

□重视学生职业素养培养　□提供充分的就业指导

□其他 ________________

E 培训机构物联网人才状况调查问卷

各相关单位：

非常感谢您抽出宝贵的时间填写我们的调查问卷！本次调查的主要目的是了解成渝物联网技术技能人才从业现状及发展情况，突破企业人才需求的瓶颈，强化学校人才培养适应产业发展的需要。问卷数据仅用于研究，请您放心填写，再次感谢您的参与和支持！

1. 企业名称：____________________

联系人：____________________

联系电话：____________________

邮箱：____________________

2. 企业所在地________（省/自治区/直辖市/特别行政区）______市。

3. 企业的资质有哪些？[多选题]

□继续教育基地　□技能大师工作室　□ 1+X 培训评价组织

□职业技能鉴定所　□高技能人才培训基地　□教师企业工作站

□全国职业教育教师企业实践基地　□社会培训评价组织（人社）

□大学生校外实践教育基地　□专业骨干教师国家培训基地

□其他 ________________

4. 企业的主营业务有哪些？[多选题]

□劳务派遣服务　□培训鉴定　□学历提升　□教育咨询服务

□人才资源开发与管理咨询　□技术服务与咨询　□人才推荐及招聘

□其他 ________________

5. 企业近三年主营业务收入有哪些？[矩阵单选题]

年份	<200 万元	200 万~500 万元	500 万~2 000 万元	2 000 万~5 000 万元	5 000 万~1 亿元	>1 亿元
2020 年	○	○	○	○	○	○
2021 年	○	○	○	○	○	○
2022 年	○	○	○	○	○	○

6. 企业员工规模情况。[单选题]

○少于 15 人　○ 15~50 人　○ 50~100 人　○ 100~200 人

○ 200~500 人　○ 500~2 000 人　○ 2 000 人以上

7. 企业性质情况。[单选题]

○国有企业　○民营企业(上市)　○民营企业(未上市)

○外商独资　○中外合资企业

8. 企业拥有的培训讲师人数:专职______人,兼职________人,其中中高级工程师(职称)以上________人。

9. 企业培训讲师的工作经验为多少年? [单选题]

○≤1年　○1~3年　○3~5年　○5~10年　○≥10年

10. 开展培训时主要采用以下哪种培训方式? [单选题]

○线下面授　○线上直播　○线上录播　○线上线下混合

11. 企业是否有自己的信息化平台? [单选题]

○是

○否,用的是开放平台,平台是________________

12. 企业线下的培训场地最多能容纳的培训人数是多少? [单选题]

○≤50人　○50~100人　○100~200人　○200~00人　○≥300人

13. 每年培训的学员总人数是多少?[单选题]

○≤500人　○500~1 000人　○1 000~2 000人　○2 000~3 000人

○3 000~4 000人　○≥4 000人

14. 每年培训的物联网相关专业人才有多少?[单选题]

○≤100人　○100~300人　○300~500人　○500~1 000人

○1 000~2 000人　○2 000~3 000人　○≥3 000人

15. 每年培训的物联网相关技术技能人才学员结构。

在校生:人数________占比________。

在岗职工:人数________占比________。

转业人员或退伍军人:人数________占比________。

16. 每年培训的物联网相关技术技能人才学历比例。

研究生:人数________占比________。

本科生:人数________占比________。

高职高专生:人数___________占比________。

中职生:人数________占比________。

技工:人数________占比________。

技师:人数________占比________。

其他:人数________占比________。

17. 培训的内容(或针对性培养的岗位)主要有哪些? [多选题]

□安装调试、系统集成　□5G智能硬件开发　□嵌入式开发

□产品设计　□移动应用开发　□电工　□其他 ________________

18. 培训内容中的实践部分占比总课时的多少？ [单选题]

○≤20%　○ 20%~40%　○ 40%~60%　○≥60%

19. 培训内容是否包含职业素养？ [单选题]

○是　○否

20. 是否有推荐培训的学员就业？ [单选题]

○是　○否

21. 就业学员的薪资为多少？ [单选题]

○≤4 000 元　○ 4 000~6 000 元　○ 6 000~8 000 元　○ 8 000~10 000 元　○≥10 000 元

22. 培训结业后的 1 个月内，学员就业率为多少？ [单选题]

○ 80%以下　○ 80%~90%　○ 90%~95%　○ 95%以上

23. 学员未就业的主要原因有哪些？ [多选题]

□升学（含考研）　□技术水平差　□考公/事业单位

□自主创业　□其他 ________________

24. 学员就业后 3 个月内的离职率为多少？ [单选题]

○ 10%以下　○ 10%~20%　○ 20%~30%　○ 30%~40%

○ 40%~50%　○ 50%以上

25. 学员就业后 3 个月内离职的主要原因有哪些？ [多选题]

□工资低　□加班多　□同事/领导相处不愉快

□实际工作内容与职业生涯规划不符　□考公务员/事业单位

□其他 ________________

26. 对就业后的学员还提供哪些服务？（在岗提升培训、创业指导等）[填空题]

____

27. 学员就业的企业规模及分布比例为：

少于 15 人，占比________；

15~50 人，占比________；

50~100 人，占比________；

100~200 人，占比________；

200~500 人，占比________；

500~2 000 人，占比________；

2 000 人以上，占比________。

28. 学员就业岗位的类别及占比：

嵌入式开发工程师占比 ________________；

系统集成实施工程师占比 ________________；
系统运维工程师占比 ________________；
售前技术工程师占比 ________________；
售后技术工程师占比 ________________；
平台开发工程师占比 ________________；
移动应用开发工程师占比 ________________；
产品测试工程师占比 ________________；
其他 ________________。

29. 培训学员关注以下哪些证书？[多选题]

□物联网应用工程师职业资格证书
□通信专业技术人员职业资格证书
□物联网安装调试员
□物联网工程技术人员（职称证书）
□物联网工程实施与运维职业技能等级证书
□智慧社区集成与运维职业技能等级证书
□传感网应用开发职业技能等级证书
□智慧家庭建设与维护职业技能等级证书
□信息通信网络运行管理员证书
□全国计算机三级网络技术证书
□注册电气工程师证书
□工程咨询（投资）专业技术人员资格证书
□电工证
□广电和通信设备调试工职业技能等级证书
□对证书无需求
□其他 ________________

30. 企业在培训业务发展过程中面临的主要困难有哪些？ [多选题]

□对于新技术缺乏培训师资
□招生渠道困难
□市场无序竞争
□场地及基础设施落后
□就业后学生稳定度低
□其他 ________________

31. 您是否愿意共享产教融合案例？[单选题]

○是　　○否

参考文献

[1] 中国信息通信研究院. 物联网白皮书（2016 年）[R]. 北京：中国信息通信研究院，2016.

[2] 新一代信息科技战略研究中心. Gartner：2019 物联网技术成熟度曲线[DB/OL].（2019-09-18）[2023-03-21]. https://www.secrss.com/articles/13760.

[3] 比特网. Mordor Intelligence：2022 年物联网业务发展呈现五大趋势[DB/OL].（2022-04-02）[2023-02-1]. https://baijiahao.baidu.com/s?id=1728988862824258995&wfr=spider&for=pc.

[4] 千家网. 物联网技术的未来：2022 年企业需要关注的 8 个趋势[DB/OL].（2022-04-25）[2023-03-06]. http://www.qianjia.com/html/2022-04/25_389807.html.

[5] CSDN 资讯. 物联网 3 A 格局：阿里云、亚马逊等入选 Gartner 最新全球物联网竞争报告[DB/OL].（2020-05-19）[2023-03-06]. https://csdnnews.blog.csdn.net/article/details/106 213182? spm=a2c6 h.12873639.article-detail.7.5a821467NkTmGM.

[6] 中国信息通信研究院. 物联网发展全球开花[J]. 网络传播，2017，（5）：46-47.

[7] 盛世华研. 2019—2025 年中国物联网行业技术发展趋势研究报告[R]. 深圳：深圳市盛世华研企业管理有限公司，2019.

[8] 张文辉（虎符智库）. 2021 上半年全球网安政策趋势报告[DB/OL].（2021-08-26）[2023-03-11]. https://www.51cto.com/article/679301.html .

[9] Statista Market Insights. Internet of Things-Worldwide[DB/OL].（2024-03-10）[2024-05-11] . https://www.statista.com/outlook/tmo/internet-of-things/worldwide.

[10] IDC：中国物联网市场支出逐步攀升 预计 2027 年将位列全球第一[DB/OL].（2023-07-11）[2024-02-21]. https://baijiahao.baidu.com/s?id=1771107895643140227&wfr=spider&for=pc.

[11] 中国日报网. 中国卫星物联网产业联盟在无锡成立 天启卫星物联网系统正式上线[DB/OL].（2019-09-09）[2023-03-20]. https://cn.chinadaily.com.cn/a/201909/09/WS5d760f51a31099ab995ded57.html.

[12] 李惠钰. “万物互联”打造世界新经济[N/OL]. 中国科学报，2021-12-02（03）[2023-02-15]. https://news.sciencenet.cn/htmlnews/2021/12/470034.shtm.

[13] 中国移动. 下一代物联网发展构想白皮书[R]. 北京：中国移动通信研究院，2021.

[14] 雪球网. 物联网模组龙头-移远通信研究[DB/OL].（2020-10-22）[2023-03-12].

https://xueqiu.com/1927541911/161492076.

[15] 与天. 物联网的未来：值得关注的 6 个趋势和预测[DB/OL].（2021-05-07）[2023-08-04]. https://zhuanlan.zhihu.com/p/370457721.

[16] AIoT 星图研究院，物联传媒，深圳物联网产业协会. 2022 中国物联网产业指数报告[R].（2022-05-31）[2023-09-26]. https://www.iotku.com/News/ 693932977956061184.html.

[17] 国务院. 中华人民共和国国民经济和社会发展第十四个五年规划和 2035 年远景目标纲要[DB/OL].（2021-03-13）[2023-09-27]. https://www.gov.cn/xinwen/2021-03/13/content_5592681.htm.

[18] 国务院."十四五"数字经济发展规划[DB/OL].（2022-01-12）[2023-09-27]. https://www.gov.cn/zhengce/zhengceku/2022-01/12/content_5667817.htm.

[19] 工业和信息化部. 物联网新型基础设施建设三年行动计划（2021—2023 年）[DB/OL].（2021-09-10）[2023-10-28]. https://www.gov.cn/zhengce/zhengceku/2021-09/29/content_5640204.htm.

[20] 中共中央 国务院. 数字中国建设整体布局规划[DB/OL].（2023-02-27）[2023-10-21]. https://www.gov.cn/xinwen/2023-02/27/content_5743484.htm.

[21] 中共中央 国务院. 扩大内需战略规划纲要（2022 — 2035 年）[DB/OL].（2022-12-14）[2023-10-21]. https://www.gov.cn/zhengce/2022-12/14/content_5732067.htm.

[22] 工业和信息化部. 工业能效提升行动计划[DB/OL].（2022-06-23）[2023-09-20]. https://www.gov.cn/zhengce/zhengceku/2022-06/29/5698410/files/e5be6f181bce4f8-9acb 0b60d-18d1acf6. pdf.

[23] 国家发展改革委. "十四五"可再生能源发展规划[DB/OL].（2022-06-01）[2023-06-21]. https://www.ndrc.gov.cn/xwdt/tzgg/202206/P020220601502009073293.pdf.

[24] 国家发展改革委. 关于加快推进城镇环境基础设施建设的指导意见[DB/OL].（2022-01-12）[2023-06-21]. https：//www.gov.cn/gongbao/content/2022/content_5675952.htm.

[25] 国务院. 关于印发"十四五"数字经济发展规划的通知[DB/OL].（2021-12-12）[2023-06-21]. https://www.gov.cn/zhengce/zhengceku/2022-01/12/content_5667817.htm.

[26] 民政部. 关于印发"十四五"民政信息化发展规划的通知[DB/OL] .（2021-12-23）[2023-02-03]. https://xxzx.mca.gov.cn/n788/n794/c117089/content.html.

[27] 工业和信息化部. "十四五"信息通信行业发展规划[DB/OL].（2021-11-01）[2023-02-05]. https://www.gov.cn/zhengce/zhengceku/2021-11/16/5651262/files/96989dadf83a4302895cd17cbeec6600.pdf.

[28] 工业和信息化部. 物联网基础安全标准体系建设指南(2021 版)[DB/OL].(2021-09-23) [2023-05-05] .https://www.gov.cn/zhengce/zhengceku/2021-10/26/5644937/files/cd2299b3c43d4a458b14fb15811ad7df.pdf.

[29] 工业和信息化部. 物联网新型基础设施建设三年行动计划(2021—2023 年)[DB/OL].(2021-09-10)[2023-05-20]. https://www.gov.cn/zhengce/zhengceku/2021-10/26/5644937/files/cd2299b3c43d4a458b14fb15811ad7df.pdf.

[30] 工业和信息化部. 5G 应用“扬帆”行动计划(2021—2023 年)[DB/OL].(2021-07-05)[2023-05-20]. http://www.cac.gov.cn/2021-07/13/c_1627761596690207.htm.

[31] 工业和信息化部. 工业互联网和物联网无线电频率使用指南(2021 年版)[DB/OL]. (2021-05-25)[2023-05-20]. https://www.miit.gov.cn/cms_files/filemanager/1226211233/attach/20216/cb26c553b4dd4360af4f93c1435bf062.pdf.

[32] 国家发展改革委. 关于推动城市停车设施发展实施意见[DB/OL].(2021-05-07)[2023-05-20]. https://www.gov.cn/zhengce/content/2021-05/21/content_5609800.htm.

[33] 商务部. 关于推进城市一刻钟便民生活圈建设的意见[DB/OL].(2021-05-28)[2023-04-12]. https://www.gov.cn/zhengce/zhengceku/2021-06/03/content_5615099.htm.

[34] 工业和信息化部. 关于深入推进移动物联网全面发展的通知[DB/OL].(2020-05-07)[2023-04-20]. http://www.cac.gov.cn/2020-05/07/c_1590412176810836.htm.

[35] 工业和信息化部. 关于推动工业互联网加快发展的通知[DB/OL].(2020-03-06)[2023-05-20]. https://www.gov.cn/zhengce/zhengceku/2020-03/20/content_5493549.htm.

[36] 工业和信息化部. 关于推动 5G 加快发展的通知[DB/OL].(2020-03-24)[2023-04-19].https://www.gov.cn/zhengce/zhengceku/2020-03/25/content_5495201.htm.

[37] 农业农村部,中央网信办. 数字农业农村发展规划(2019—2025 年)[DB/OL].(2020-01-20)[2023-02-20]. https://www.moa.gov.cn/govpublic/FZJHS/202001/t20200120_6336316.htm.

[38] 无锡市人民政府. 无锡国家传感网创新示范区(无锡市物联网产业集群)发展三年行动计划(2023—2025 年)[DB/OL].(2023-07-31)[2023-09-21]. https://www.wuxi.gov.cn/doc/2023/07/31/4026164.shtml.

[39] 扬子晚报. 11 位院士共同发起“无锡倡议”:加快发展物联网[DB/OL].(2022-11-26)[2023-08-16]. https://www.sohu.com/a/610503050_121448078.

[40] 无锡市人民政府. 无锡国家传感网创新示范区发展规划纲要(2021—2025 年)[DB/OL].(2021-12-31)[2023-09-21]. https://www.wuxi.gov.cn/fzlm/wxszfslh/fgwjjd/szfbgswj/3584011.shtml.

[41] 无锡市工业和信息化局. 无锡市“十四五”车联网产业规划[DB/OL].（2021-10-21）[2023-09-21]. https://gxj.wuxi.gov.cn/doc/2021/10/22/3592160.shtml.

[42] 无锡市人民政府. 无锡市 5G 产业发展规划（2020—2025 年）[DB/OL].（2020-08-31）[2023-09-20]. https://www.wuxi.gov.cn/doc/2020/08/31/3018671.shtml.

[43] 无锡市人民政府. 关于进一步支持以物联网为龙头的新一代信息技术产业发展的政策意见[DB/OL].（2018-02-26）[2023-03-15].https://www.wuxi.gov.cn/doc/2018/02/26/2471282.shtml.

[44] 北京市科学技术委员会，中关村园区管理委员会，北京市经济和信息化局. 关于推动北京互联网 3.0 产业创新发展的工作方案（2023—2025 年）[DB/OL].（2023-03-17）[2023-09-21]. https://www.ncsti.gov.cn/zcfg/zcwj/202303/t20230317_110979.html.

[45] 北京市发展和改革委员会. 关于北京市推进先进制造业和现代服务业深度融合发展的实施意见[DB/OL].（2023-02-07）[2023-09-21]. https://www.beijing.gov.cn/zhengce/zhengcefagui/202302/t20230207_2913214.html? eqid=e2deaa5100021b73000000066476f471.

[46] 北京市经济和信息化局. 北京市数字经济全产业链开放发展行动方案[DB/OL]（2022-05-30）[2023-04-21]. https://www.ncsti.gov.cn/zcfg/zcwj/202205/t20220531_81143.html.

[47] 北京市经济和信息化局. 北京工业互联网发展行动计划（2021—2023 年）[DB/OL].（2021-12-24）[2023-09-21]. https://kw.beijing.gov.cn/art/2022/1/11/art_2388_14850.html? eqid=aafba2fa000fe76a000000046440e043.

[48] 北京市人民政府. 北京市加快新型基础设施建设行动方案（2020—2022 年）[DB/OL].（2020-06-10）[2023-02-06]. https://www.beijing.gov.cn/fuwu/lqfw/ztzl/xytxms/11/202006/t20200610_1921186.html.

[49] 北京市人民政府. 北京市 5G 产业发展行动方案（2019—2022 年）[DB/OL].（2020-06-10）[2023-03-16]. https://www.beijing.gov.cn/zhengce/zhengcefagui/201905/t20190522_61785.html.

[50] 上海市人民政府. 上海市进一步推进新型基础设施建设行动方案（2023—2026 年）[DB/OL] .（2023-09-15）[2024-02-16]. https://english.shanghai.gov.cn/nw12344/20231018/8050cb446990454fb932136c0b20ba4 d.html.

[51] 上海市人民政府. 上海市促进智能终端产业高质量发展行动方案（2022—2025 年）[DB/OL] .（2022-06-24）[2023-12-16]. https://english.shanghai.gov.cn/nw12344/20220708/ab632a9b29b04ed2adce2dbcb789412c.html.

[52] 上海市人民政府. 上海市战略性新兴产业和先导产业发展“十四五”规划[DB/

OL].(2021-06-23)[2023-03-16]. https://www.shanghai.gov.cn/nw12344/20210721/d684ff525ead40d8a2dfa51e541a14e4.html.

[53] 上海市人民政府. 上海市国民经济和社会发展第十四个五年规划和二〇三五年远景目标纲要[DB/OL].(2021-01-30)[2023-03-16]. https://www.shanghai.gov.cn/nw12344/20210129/ced9958c16294feab926754394d9db91.html.

[54] 上海市人民政府. 上海市推进新型基础设施建设行动方案(2020—2022 年)[DB/OL].(2021-01-30)[2023-11-06]. https://www.shanghai.gov.cn/nw48504/20200825/0001-48504_64893.html.

[55] 深圳市人民政府. 深圳市支持新型信息基础设施建设的若干措施[DB/OL].(2022-11-08)[2023-08-10]. http://gxj.sz.gov.cn/gkmlpt/content/10/10222/post_10222304.html#3129.

[56] 深圳市人民政府. 深圳市加快推进 5G 全产业链高质量发展若干措施[DB/OL].(2022-10-09)[2023-05-16]. https://www.sz.gov.cn/cn/xxgk/zfxxgj/zcfg/content/post_10157728.html.

[57] 深圳市人民政府. 深圳市人民政府关于发展壮大战略性新兴产业集群和培育发展未来产业的意见[DB/OL].(2022-06-28)[2023-05-16]. https://www.sz.gov.cn/zfgb/2022/gb1248/content/post_9918806.htmleqid=a70e55bf00031d0400000006644632d3.

[58] 深圳市人民政府. 深圳市推进新型信息基础设施建设行动计划(2022—2025 年)[DB/OL].(2022-03-21)[2023-02-13]. https://www.sz.gov.cn/zfgb/2022/gb1234/content/post_9628550.html.

[59] 深圳市人民政府. 深圳市人民政府关于加快推进新型基础设施建设的实施意见(2020—2025 年)[DB/OL].(2020-07-30)[2023-04-15]. http://cgj.sz.gov.cn/xsmh/zhcg/zcfg/content/post_7960651.html.

[60] 前瞻产业研究院. 重磅！一文深度了解 2022 年全国及各省市物联网行业政策汇总、解读及发展目标[DB/OL] .(2022-06-07)[2023-04-15]. https://bg.qianzhan.com/trends/detail/506/220607-8480d204.html.

[61] 国家工业信息安全发展研究中心. 中国物联网产业链与区域发展报告[R]. 北京：国家工业信息安全发展研究中心，2021.

[62] 中国互联网协会. 中国互联网发展报告(2023)[R]. 北京：中国互联网协会，2023.

[63] 中商产业研究院. 2024 年中国物联网市场现状及发展前景预测分析[DB/OL].(2024-02-20)[2023-04-15]. https://www.askci.com/news/chanye/20240220/0848302708390109-63387526.shtml.

[64] IDC：2026 年，供需联动将推动中国物联网连接规模超百亿[DB/OL].(2023-02-

12)[2023-04-15]. https://www.idc.com/getdoc.jsp？containerId=prCHC50346423.

[65] 国家工业信息安全发展研究中心. 中国物联网产业链与区域发展报告[R]. 北京：国家工业信息安全发展研究中心，2021.

[66] 艾瑞咨询. 积基“数”本、重塑产业：中国物联网行业研究报告[R]. 上海：上海艾瑞市场咨询股份有限公司，(2022-01-29)[2023-04-15]. https://report.iresearch.cn/report/202201/3930.shtml.

[67] 重庆市人民政府. 重庆市数字经济“十四五”发展规划(2021—2025 年)[DB/OL].(2021-12-08)[2023-04-15]. https://wap.cq.gov.cn/zwgk/zfxxgkml/szfwj/qtgw/202112/t20211208_10107836.html.

[68] 重庆市物联网产业协会. 物联周刊(166 期):重庆基本形成“三位一体”物联网产业体系、博拉网络建成西南地区规模最大视频产业基地. [DB/OL].(2022-11-21)[2023-11-12]. https://mp.weixin.qq.com/s/cUEXW8r3SCjEEg_G4Q8lsg.

[69] 重庆晨报. 到 2020 年重庆将建成大数据智能化应用示范城[DB/OL].(2018-08-23)[2023-03-15]. https://cq.ifeng.com/a/20180823/6826479_0.shtml.

[70] 重庆市经济和信息化委员会. 重庆市智能家居产业高质量发展行动计划(2023—2027 年)[DB/OL].(2023-11-30)[2023-12-12]. https://jjxxw.cq.gov.cn/zwgk_213/zcwj/qtwj/202311/t20231130_12630061.html.

[71] 重庆市人民政府. 重庆市推进智能网联新能源汽车基础设施建设及服务行动计划(2022—2025 年)[DB/OL].(2022-09-28)[2023-08-12]. https://www.cq.gov.cn/zwgk/zfxxgkml/wlzcxx/qyjf/wqszf/202210/t20221008_11168 390.html.

[72] 重庆市人民政府. 重庆市战略性新兴产业发展“十四五”规划(2021—2025 年)[DB/OL].(2022-03-18)[2023-08-12]. https://www.cq.gov.cn/index/detail.html？policyId=4385.

[73] 重庆市人民政府. 重庆市数字经济“十四五”发展规划(2021—2025 年)[DB/OL].(2021-12-08)[2023-03-26]. https://www.cq.gov.cn/zwgk/zfxxgkml/szfwj/qtgw/202112/t20211208_10107836.html.

[74] 重庆市经济信息委等十二委办局. 重庆市 5G 应用“扬帆”行动计划(2021—2023 年)[DB/OL].(2021-11-18)[2023-05-22]. https：//www.cq.gov.cn/index/detail.html？policyId=4385.

[75] 重庆市人民政府. 重庆市工业互联网创新发展行动计划(2021—2023 年)[DB/OL].(2021-08-20)[2023-03-08]. https://www.cq.gov.cn/zwgk/zfxxgkml/szfwj/qtgw/202108/t20210820_9604697.html.

[76] 重庆市人民政府. 重庆市新型基础设施重大项目建设行动方案(2020—2022 年)[DB/OL]. (2020-06-18)[2023-03-08]. https://wap.cq.gov.cn/zwgk/zfxxgkml/

szfwj/xzgfxwj/szf/202006/t20200619_8837076.html.

[77] 重庆市人民政府. 重庆市加快推动5G发展行动计划(2019—2022年)[DB/OL].(2019-12-06)[2023-03-08]. https://fzggw.cq.gov.cn/zfxxgk/fdzdgknr/lzyj/xzgfxwj/qtxzgfxwj/202104/t20210412_9147145.html.

[78] 中国信息通信研究院西部分院. 重庆市物联网发展蓝皮书(2019年)[R]. 重庆:中国信息通信研究院西部分院、重庆市物联网产业协会、重庆市物联网技术创新联盟、重庆生产力促进中心,2020.

[79] 重庆日报. 2018年重庆物联网相关产业产值超1 000亿元[DB/OL].(2019-05-28)[2023-02-16]. http://m.xinhuanet.com/cq/2019-05/28/c_1124549719.htm.

[80] 重庆商报. 3年增速均超30%重庆物联网产业驶入“快车道”[DB/OL].(2020-01-07)[2023-02-16]. http://cq.people.com.cn/n2/2020/0107/c365402-33694088.html.

[81] 前瞻产业研究院. 2022年全球物联网网关行业市场现状、区域格局及发展前景分析 预计2027年市场规模或超1 400亿元[DB/OL] .(2022-10-20)[2023-10-16]. https://bg.qianzhan.com/trends/detail/506/221020-2410aa70.html.

[82] 殷晴,赵畅.《2022—2023中国物联网发展年度报告》在无锡发布[DB/OL].(2023-10-23)[2023-12-16]. http://www.ce.cn/cysc/tech/gd2012/202310/23/t20231023_38760276.shtml.

[83] 重庆日报. 2023年度重庆物联网十大应用案例授牌[DB/OL].(2023-11-30)[2023-12-16]. https://www.cq.gov.cn/ywdt/jrcq/202311/t20231130_12629161.html.

[84] 新浪重庆. 2023物联重庆创新应用大会在渝成功举办[DB/OL].(2023-11-28)[2024-01-10]. https://cq.sina.cn/city/csts/2023-11-28/detail-imzwepzn4608016.d.html? from=qudao.

[85] 人社部. 新职业——物联网安装调试员就业景气现状分析报告[R].(2019-06-14)[2023-10-10]. http://www.mohrss.gov.cn/wap/xw/rsxw/201906/t20190614_320756.html.

[86] 人社部. 新职业——物联网工程技术员就业景气现状分析报告[R].(2020-04-30)[2023-04-09]. http://www.mohrss.gov.cn/SYrlzyhshbzb/dongtaixinwen/buneiyaowen/202004/t20200430_367113.html.

[87] 薪酬网. 2020年物联网行业薪酬调查报告[DB/OL].(2020-07-17)[2023-04-09]. https://www.docin.com/p-2406809976.html? docfrom=rrela.

[88] 国务院. 国家职业教育改革实施方案[DB/OL] .(2019-01-24)[2023-02-18]. https://www.gov.cn/gongbao/content/2019/content_5368517.htm.

[89] 教育部. 职业教育专业目录(2021年)[DB/OL].(2023-05-01)[2023-12-17]. http://www.moe.gov.cn/s78/A07/zcs_ztzl/2017_zt06/17zt06_bznr/zhijiao/.

[90] 人社部. 人社部、市场监管总局、统计局联合发布新职业[DB/OL].(2019-04-03)[2023-02-25]. http://www.mohrss.gov.cn/SYrlzyhshbzb/dongtaixinwen/buneiyaowen/201904/t20190403_313788.html.

[91] 人社部. 人力资源社会保障部办公厅关于颁布物流服务师等18个国家职业技能标准的通知[DB/OL].(2020-10-29)[2023-02-25]. http://www.mohrss.gov.cn/xxgk2020/fdzdgknr/qt/fzcwjxx/202101/t20210105_407185.html.

[92] 人社部,工信部. 人力资源社会保障部办公厅 工业和信息化部办公厅关于颁布集成电路工程技术人员等7个国家职业技术技能标准的通知[DB/OL].(2021-09-29)[2023-03-12]. http://www.mohrss.gov.cn/SYrlzyhshbzb/rdzt/zyjntsxd/zyjntsxd_zxbd/202101/t20210106_407215.html.

